无人机摄影与摄像技巧大全

龙飞◎策划　王肖一◎编著

化学工业出版社
·北京·

图书在版编目（CIP）数据

无人机摄影与摄像技巧大全/王肖一编著．—北京：化学工业出版社，2019.9（2024.2重印）

ISBN 978-7-122-34747-3

Ⅰ.①无… Ⅱ.①王… Ⅲ. ①无人驾驶飞机—航空摄影 Ⅳ.①TB869

中国版本图书馆CIP数据核字（2019）第124680号

责任编辑：李　辰　孙　炜　　　　装帧设计：盟诺文化

责任校对：王素芹

出版发行：化学工业出版社（北京市东城区青年湖南街13号　邮政编码100011）

印　　装：北京建宏印刷有限公司

787mm×1092mm　1/16　印张 $17\,^{1}/_{2}$　字数375千字　2024年2月北京第1版第9次印刷

购书咨询：010-64518888　　售后服务：010-64518899

网　　址：http：//www.cip.com.cn

凡购买本书，如有缺损质量问题，本社销售中心负责调换。

定　价：118.00元

序　一

听大咖们说航拍

现在无人机设备体积很小，出门携带也方便，由于无人机逐渐普及，现在越来越多的摄影爱好者都开始步入航拍领域。王肖一老师作为高清影像8KRAW的签约摄影师，从新手一路成长为高手，这本凝聚了他多年的航拍经验与技术的图书，非常适合大众阅读。

王源宗　8KRAW联合创始人、知名航拍摄影师、延时摄影师

随着技术瓶颈的突破，越来越多的无人机玩家选择了非常规视角进行摄影与摄像创作。本书清晰解答了创作思路与实战技巧，一定会让航拍者受益匪浅。

陈雅（Ling神）　8KRAW联合创始人、知名航拍摄影师、延时摄影师

每个人的心中，都渴望飞翔，而无人机就是我们的一双翅膀，带领我们的眼睛飞向高空，观察到别样风景。王肖一老师将记录下的绝美案例过程进行全面复盘，这是一本难得的无人机实用教程书。

严磊　视觉中国签约摄影师、视觉中国500PX中国爬楼联盟部落创办人

我曾在《风光摄影后期基础》书中说过：掌握完整的知识体系比学习零碎的技术更有效。王肖一老师的这本无人机教程贵在全面、详细、具体，对于新人来说，可以进行完整的无人机飞行操控和拍摄的知识体系学习，比碎片化的学习更省心、省力、省时间。高效拍出好作品，值得你拥有！

Thomas 看看世界 大疆无人机合作摄影师、户外极致风光 - 极影 Adventure X 成员

我曾被夜空中的星河和奇幻的天文现象所吸引，从此走在黑夜中，环球追星逐日，还偶遇了 20 年一次的极光大爆发，令我无比震撼。王肖一老师用他的无人机视角记录着这个世界的美好，让我们欣赏到了许多不一样的风景。这本结合了拍摄教程与美景的好书，可以帮助无人机新手快速上手，领略航拍的美好世界。

叶梓颐 - 巡天者 知名天文摄影师、格林威治天文台年度摄影师大赛获奖者

你不但可以通过本书全面了解你手中的无人机，还会精通如何应用你手中的无人机拍出你想要的画面。更重要的是，看完这本书之后，能让你在天空中安全飞行无人机，不炸机、不心慌，飞出亚洲走向世界！

TYUT 小崔 知名商业航拍摄影师、延时摄影师

序　二

航拍这样学

作为本书的策划者，我也是一个航拍深度爱好者，航拍新人遇到的所有难题，我应该也基本上遇到了。

比如说，对于无人机飞行，新人最怕的事就是“炸机”，这个炸机不是说无人机爆炸，只是一种形象说法，意思为无人机在高空中遇到的各类事故而发生的意外坠机。

炸机的直接后果有两点：

一是无人机摔伤、撞伤或毁坏，有的甚至掉进大江大河或深山老林中，连“尸首”都找不到，如果连机身都没有，既没法进行维修，无人机厂家也不会受理，那只有自己承担损失了。现在好一点的无人机都是上万元甚至数万，因此炸机的代价还是蛮高的，还有如果是实在不小心炸一次还好，如果炸两次、三次呢？从经济角度，都损失到有点心痛吧！因此，本书在一开始就讲解了如何避免炸机的多种情况，希望对新手们有参考意义！

二是不管无人机是否出事，新人一定要规避无人机在飞行或坠落中伤到他人！机器出事只是损失金钱，如果伤到了人，那后果就不堪设想了！要知道，无人机的机翼不仅锋利，而且转速极快，一旦伤人可能还不是小伤。所以新手在刚学习无人机飞行时，一定要到空旷无人的操场或视野辽阔的公园等地，不要在人多的环境下试飞，切记！

作为航拍新人，最难的还是前面几次的飞行，既兴奋又害怕，兴奋是因为终于可以实现飞行的梦想了，害怕是因为操作不熟担心出现各种意外。我想说是的，请享受这种美好的、宝贵的心情，因为随着你的一次次熟练飞行，这种美妙的感受将不复存在。要想初次飞行不出事，最好的办法是找会飞行的朋友一起同行，有人指导效果会事半功倍。

待将无人机安全飞上天，熟悉基本的操作之后，接下来有两点是新人最想突破的：

一是各种飞行技巧，如向上、向下、向前、向后、向左、向右飞行，以及圆环飞行、方形飞行、8字飞行、飞进飞出等，这些技能如何掌握，根据我的飞行经验，给的建议是：安排时间，找好场地，一项一项去试，直到熟练为止。

二是各种航拍技巧，如指点飞行有正飞、反飞、自由飞，智能跟随有跟人拍和跟车拍，一键短片有渐远、环绕、螺旋、冲天、彗星、小行星以及滑动变焦，以及兴趣点环绕拍摄，我给的建议依然是：安排时间，找好场地，一项一项去试，直到熟练为止。

本书中的大小技巧，全部加起来，约200个，大家如果只是看书不去实操，那这些技巧其实还是作者王肖一老师的，不是你的，而只有你去实战了，才能变成你的技能，你操作10项，10个技巧就归你了，你操作100项，那你就得到了100个技巧。所以，建议飞行时将书带在身边，边看边飞行拍摄，同时在书上记下自己的心得体会，那你会进步得更快，收获300、400个技巧，毕竟本书的内容只是抛砖引玉，你的举一反三才更重要。

等熟悉和掌握了无人机飞行的各种技能和航拍要点后，最重要的就是如何拍出大片了，这里我再分享三个本人成长中最宝贵的经验：

一是去找好片观摩：在天空之城、8KRAW、抖音、新片场等平台，都有国内优秀的航拍大片，多去看看和分析别人优秀的作品，特别建议看看《航拍中国》，因为顶尖的航拍技巧应该都可以在里面看到、学到。

二是去找高手学习：三人行必有我师，何况真的有大师，找出你身边航拍最厉害的人，去向他们学习，比如说Ling神（陈雅）一年有大半的时间在航拍世界各地，片子的质量特别高，尤其是颜色和光影，都让人叹为观止，值得好好学习。

三是去找好景仿拍：这点落地实操性最强，也是建议你一定要去做的事情，便是用百度搜索出你所在区、市、省地域别人拍得最漂亮的航拍照片，然后约上朋友，一个地点一个地点去仿拍，先仿他们的拍摄角度和镜头对象，待熟练之后，再加入你的观察和创新，于是便有了你独特视野的大片。

我有另外一个网名，叫“构图君”，我曾总结、梳理和创新了300多种构图技巧，在公众号“手机摄影构图大全”中进行过分享，这些构图方法其实对于手机摄影、单反摄影、无人机航拍都是相通的，学会了构图技巧，拍摄设备只是你的工具，无论以后你是用手机、单反摄影，还是用无人机拍摄，都能融会贯通，举一反三，拍出更多、更美的大片！

最后，祝大家学习愉快，学有所成，欢迎大家扫描本书封底二维码，与我进一步沟通与交流摄影！

龙飞

长沙市摄影家协会会员

湖南省摄影家协会会员

湖南省青年摄影家协会会员

湖南省作家协会会员，图书策划人

京东、千聊摄影直播讲师，湖南卫视摄影讲师

2019年5月

自　序

你见过什么样的中国？

是960万平方公里的辽阔，还是300万平方公里的澎湃？

是四季轮转的天地，还是冰与火演奏的乐章？

像鸟儿一样离开地面，冲上云霄，前往平时无法到达的空中，看见专属于高空的奇观。俯瞰这片朝夕相处的大地，再熟悉的景象，也变了一副模样。从身边的世界，到远方的家园；从自然地理，到人文历史，50分钟的空中旅程，前所未有的极致体验，从现在开始，和我们一起，天际，遨游！

《航拍中国》片头语

这是最近一部火遍全国的纪录片的片头语，不用我过多介绍，各位读者都会明白，这是一部航拍的纪录片，通过航拍的手法，从另一个角度展现了祖国的壮美河山。而本书，将深入探讨及阐述无人机航拍这一拍摄手法，以及航拍中的注意事项。

造物者给予了我们人类智慧，灵巧的双手，但是，造物者却没有给予我们会飞的翅膀，从人类诞生起，人类的视角始终为身体所限，局限在地面。随着科技的进步，虽然人类借助机器能够飞上天空，但是隔着玻璃拍摄只属于高空的景色，并没有那么轻松。

感谢二十一世纪科技的进步，感谢大疆等高科技公司的研发，我们可以在这个时代，通过使用智能无人机观看只属于高空的景色，并且通过电影级的摄像设备将它们全部记录下来。同时，也感谢自己敢于应用这些最新的设备，并拥有一颗愿意为之奋斗的心。

在过去的时代，随着每次按动相机的快门，脑海中的思绪却从来没有停止过。构图、光线、色彩都可以自己把控，但是局限于机位，很难与大师曾经拍摄的角度区别开来。当无人机航拍这个新的方式出现后，由二维摄影转向三维摄影，构图、光影、色彩的组合变得更加丰富，摄影的角度将从此与众不同。

在我拿到第一台航拍无人机——大疆的御 PRO 的时候，我立刻将无人机升空，从此将家附近的、只属于高空的景色尽收眼底。最熟悉的景象，也立刻变了一个模样。当这组首飞的照片获得自己身边朋友的大量好评后，更加激励自己去拍摄这个世界的美好。

从最早我所使用的御 PRO 1/2.3 英寸的 CMOS，到使用精灵 4 PRO 的 1 英寸 CMOS，再到悟 2X5S 的 4/3 英寸 CMOS，以及悟 2X7 的 S35 电影级 COMS，从最早动辄需要手推车，拉杆箱来搬动无人机，到现在可折叠的御 2，结合一英寸的 CMOS，折叠起来仅仅相当于一台单反相机的空间，无人机航拍器通过不断增强的性能，以及不断缩小的体积，为摄影创造者提供了更多的途径来发挥自己的创作才能。

通过使用无人机航拍的方式，我突破角度与构图的限制，无论就近拍摄，还是飞行万里的拍摄，无人机航拍器都已经成为我的主力拍摄工具，慢慢地我已经成为专项航拍摄影师。不知有多少个早晨，我的无人机穿越了上海高空的平流雾，拍摄到只属于仙境的景色；不知道有多少个傍晚，我的无人机穿越晚霞，拍摄到不属于地面的色彩，感动、震撼了一批又一批城市的建设者，让他们也能够欣赏到这些不属于地面的风景。

在此期间，我接受过官方媒体的采访（如《新闻晨报》），通过今日头条（作者：航拍的世界）、抖音（作者：Shawn.Wang）、新片场以及天空之城等新媒体平台宣传我的作品，并且取得了千万级别的阅读量，百万级别的获赞量。自己的作品不但得到了推广，让观众也更加热爱了自己所在城市的美景。

有幸得到化学工业出版社的真诚相助，让我将自己的航拍技术与经验荟萃成一本无人机航拍教程，将我的航拍经验与大家一起分享。本书共分为三篇内容，第一篇是飞手入门篇，主要介绍了无人机的安全使用技巧，防止炸机，提高飞行的安全性；第二篇是摄影实战篇，主要介绍了无人机的起飞技巧、飞行动作、飞行模式、实战航拍以及照片后期处理等内容；第三篇是视频摄像篇，主要介绍了使用无人机如何拍出高质量的视频作品。

本书涵盖了 18 大专题内容，具有以下四大特色：

（1）作者实拍，经验丰富：笔者拥有多年的航拍经验，拍摄的视频素材多次被中央电视台、上海浦东电视台以及《新闻晨报》等使用，同时笔者也是 8KRAW 签约摄影师、视觉中国签约摄影师、上海环球金融中心签约摄影师，资历较深。

（2）内容详细，体系完整：这是一本在读者尚未购买无人机就可以深入学习无人机知识的书籍，做到尚未投资已经了解产品，知道自己应该购买哪种产品。看完本书，您将了解到无人机的各种航拍技术，如何拍摄出震撼的照片与视频作品，做到不炸机，安全始终。

（3）技巧全面，招招干货：本书精选技巧以及常用的拍摄内容，均针对用户实际飞行案例进行分析，同时提供了主流的后期软件使用技巧。从新手入门，到航拍照片、航拍视频，再到后期精修，招招干货，全面吸收。

（4）照片视频，航拍精讲：本书第二篇和第三篇的内容，详细介绍了摄影实战与摄像实战知识，精讲了无人机摄影的航拍取景技巧、空中飞行动作训练、智能飞行航拍、摄像航拍参数设置、摄像基本手法以及无人机镜头的运动方式等内容，帮助读者快速精通无人机航拍的技巧。

感谢购买本书的读者，希望您能像鸟儿一样离开地面，冲上云霄，遨游天际，拍摄到只属于高空的美景，从此您的视野将与众不同。

王肖一

2019 年 5 月

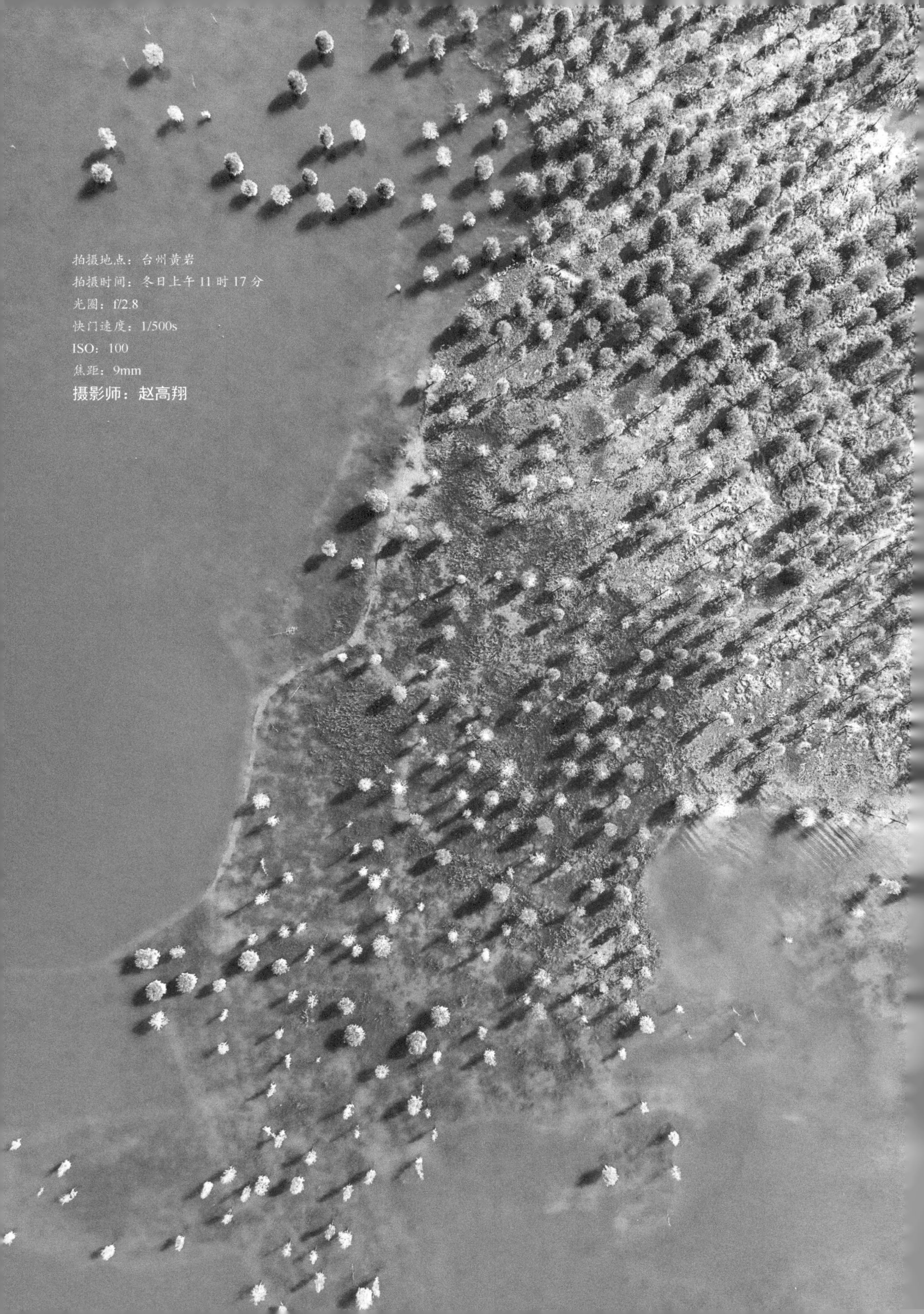
拍摄地点：台州黄岩
拍摄时间：冬日上午 11 时 17 分
光圈：f/2.8
快门速度：1/500s
ISO：100
焦距：9mm
摄影师：赵高翔

目录

CONTENTS

【第一篇　飞手入门篇】

【第三篇 视频摄像篇】

第一篇

飞手入门篇

摄影师：赵高翔

第1章 无人机的安全使用与法律知识

学前提示

飞行无人机，安全是重点，同时也不能违反国家的相关法律条款，所以在第1章中，我们首先要学习如何安全地使用无人机，以及相关的法律规范与飞行限制，掌握了这些安全飞行内容之后，有助于我们更好地在空中航拍与飞行，希望读者能熟练掌握本章内容。

1.1 小心炸机，这些情况下飞不得

对于初次飞行无人机的用户来说，熟练掌握无人机的飞行天气与温度，将有助于提高飞行的安全性，减少炸机的风险；对于飞行无人机的“老司机”来说，在自己熟悉的环境中飞行基本没有问题，但在自己不熟悉的地方飞行，又应该注意哪些问题呢？本节主要介绍无人机对飞行条件的要求，比如天气情况、温度情况以及无线通信情况等。

1.1.1 这五种气候飞不得

用户需要在天气以及环境条件良好的情况下进行飞行，这是保证无人机安全飞行的基础，避免无人机可能造成的伤害和损失。

如果室外的天气比较恶劣，以下五种情况，千万不要飞行无人机：

⊙ 大风：如五级以上的大风，很容易把无人机直接刮走，而且在大风的环境下，无人机为了保持机身的稳定性，会消耗更多的电量，同时也会大大降低飞行的稳定性，当无人机在飞行中左右摇晃时，拍摄的画面也会比较模糊，画面质量达不到要求。

⊙ 大雪：下雪的天气因为温度太低，会影响无人机的一些功能组件，降低飞行效率，而且电池的续航能力也会下降，有时会直接导致坠机。

⊙ 大雨：下雨的天气也不能飞行，这是显而易见的，对机身和螺旋桨都有伤害和增加阻力。

⊙ 雷电：雷电天气下也是不能飞行无人机的，电机容易被雷劈，直接炸机。

⊙ 大雾：有雾的天气，也尽量不要飞行，因为能见度较低，我们要保证无人机在可视范围内飞行，这样才是最安全的，而且大雾环境下拍出来的照片也不清晰，画质不达标。

其实下雪的天气，景色是非常美的，我们不能在下雪时出去航拍，但等雪停了以后，可以出去航拍，能拍出一片雪白的令人惊叹的美景，如图 1-1 所示。

▲ 图 1-1　雪后航拍的美景（摄影师：赵高翔）

☆专家提醒☆

每当进入冬季以后，气温都会比较低，而我们如果要在这样的环境下飞行，是具有一定挑战性的。低温下，首次启动无人机后，可以先将无人机上升到 10 ~ 12 英尺（1 英尺 =0.30 米）的位置，让它在空中悬停 1 分钟，提高电池的温度，给电机提供预热的机会，这样可以更好地保证无人机的稳定性和安全性。

1.1.2　没有 GPS 信号飞不得

GPS 即全球定位系统，主要用于提供实时、全天候和全球性的导航服务，能为全球用户提供低成本、高精度的三维位置、速度和精确定时等导航信息。

良好的 GPS 无线通信信号是安全飞行无人机的基础，无人机就是依靠 GPS 进行系统和位置定位的，请用户不要在 GPS 信号不佳的环境下飞行，也不能在高度落差较大的环境下飞行，比如从 20 层高的室内飞向室外，以免定位功能异常从而影响无人机的飞行安全。

在城市里面一些高大的建筑物中飞行，也会对 GPS 的通信造成影响，而且用户一定要让无人机在可视范围内飞行，不能让无人机离开视线，特别是那种绕着某个建筑物飞行一圈的情况，当我们看不到无人机的时候，飞行中会存在很大的安全隐患，避免无人机向前飞行撞到窗户或者其他障碍物。

飞行无人机的时候，在 DJI GO 4 APP 的飞行界面顶端，会显示 GPS 信号的强弱状态，一共有 5 格信号显示，4 格以上表示 GPS 信号很强，用户可以在该环境下安全飞行，如图 1-2 所示。如果 GPS 信号在 3 格以下，那需要注意了，尽量不要起飞。

▲ 图 1-2　显示 GPS 信号的强弱状态

1.2　电池与机身的维护及保养

上一节向读者详细介绍了无人机对于飞行环境、天气、温度以及无线通信信号的要求，在本节中继续向读者介绍无人机的相关安全使用技巧，如电池的安全使用技巧、废弃电池的处理规定、无人机的存储与运输要求、无人机的维护要点以及飞行者的安全使用要点等，熟练掌握这些基本的安全使用技巧，能为无人机的安全飞行奠定良好的基础。

1.2.1　延长电池的寿命

无人机中的电池是锂聚电池，是专门为飞行器供电的，电池容量为 3850 mA • h，额定电压为 15.4 V。我们在购买无人机的时候，机器本身会自带一块电池。图 1-3 所示为

“御”Mavic 2 专业版的机身电池。

▲ 图 1-3　机器本身会自带一块电池

下面向读者介绍 13 条智能飞行电池的安全使用指引，读者要仔细了解一下。

① 不能让电池接触任何液体，电池千万不能进水、遇水，也不能在潮湿的环境中使用电池，因为电池遇水后会发生分解反应，引发电池的爆炸。

② 如果是大疆的无人机，用户不能在无人机上使用非 DJI 官方提供的电池，如果用户需要购买或更换电池，需要到 DJI 指定的官网查询相关的购买信息，因为电池与无人机型号不匹配的话，容易引发飞行故障。

③ 不能使用鼓包的、漏液的、包装破损的电池，如果发生这样的情况，且电池在保修期内，用户可以到购买地点进行更换。

④ 如果用户需要将电池从飞行器中取下来，首先要确保飞行器电源已经关闭，千万不能在电源打开的情况下拔出电池，这样会损坏电源的接口。

⑤ 电池应在环境温度为 -10 ～ 40℃之间使用，如果温度高于 50℃，可能会有引发电池自燃的风险，严重的还可能会爆炸；如果温度低于 -10℃，电池的性能会下降，不能满足正常的飞行使用，建议恢复常温后再使用电池。

⑥ 不能在强静电的环境中使用电池，这样会导致电池保护板失灵，从而发生严重的飞行故障。

⑦ 用户不能自行拆卸电池，也不能用尖利的物体损坏电池，这样会引发电池着火或爆炸。

⑧ 电池内部的液体具有较强的腐蚀性，如有漏出，请用户远离，以免伤害到自己。

⑨ 如果电池从飞行器中摔落，或者受到了外界强烈的撞击，就不能再次使用。

⑩ 电池遇水、进水后，即使完全晾干了，也不能再次使用，应按废弃方法妥善处理。

⑪ 如果电池起火，可以使用水，沙，灭火毯，干粉、二氧化碳灭火器进行灭火。

⑫ 如果电池的接口有污物，可以用干毛巾擦干净，否则会引发电池短路或接触不良。

⑬ 如果电池的电量只剩下 5% 了，请不要再继续飞行，否则会引发飞行故障，导致无人机直接炸机。

一块电池在飞行时，最多只能用 30 分钟，如果温度较低，续航时间也会相应地下降。那么如何正确地使用电池，从而延长电池的续航时间和使用寿命呢？这一点非常重要。下面讲解五条使用和保管电池的要点。

① 夏天室外的温度过高，我们不能让无人机长时间置于太阳下，电池能承受的最高温度是 40℃，超过这个温度电池有可能会着火或爆炸。

② 当无人机中的电池使用完后，不要着急给电池充电，因为刚使用完的电池还处于发热的状态，要等电池冷却后，再给电池充电，这样可以延长电池的使用寿命。如果我们给一块发热的电池反复充电的话，那么这块电池很快就会报废了。

③ 无人机在空中飞行时，如果电量只剩下 30% 了，这个时候用户就要准备让无人机飞回来了，避免电池用完后炸机的风险。

④ 在 DJI GO 4 APP 的“通用设置”界面中，可以开启低电量智能返航功能，让系统计算电量仅够返回返航点时，飞行器就自动返航；还可以开启低电量报警的功能，当电池的电量只剩余 30% 或 25% 时，遥控器发出报警的声音，提醒用户，如图 1-4 所示。

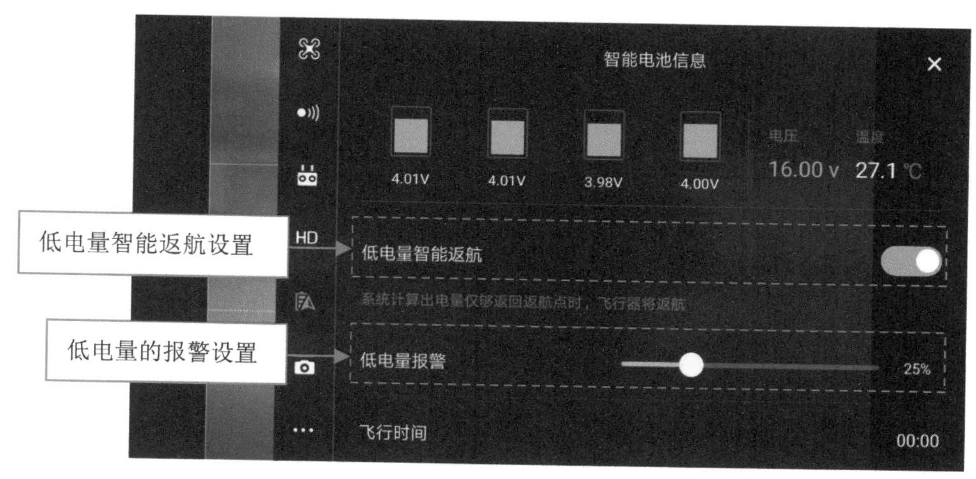

▲ 图 1-4　手动设置低电量的报警提示

⑤ 如果无人机的电量低于 20% 了，这个时候我们无法再操控无人机，无人机会自动按照先前设定的返航点进行安全降落，如果用户离开了之前的返航点，而新的返航点也未更新，那么就不能确定无人机会在哪里降落了，所以要时刻关注无人机机身和遥控器的电量。

1.2.2　受损的电池，应该这样处理

电池属于危险的化学物品，受损的电池是一定不能再使用的，严禁用户丢弃在普通的垃圾箱中，一定要将电池中的电彻底放完后，再放入指定的电池回收箱中，其他相关细节，请遵循当地电池回收和弃置的法律法规。

1.2.3　外出飞行，电池要这样保管

下面介绍五条关于电池的存储与运输的要求。

① 如果我们很长时间内不再使用无人机，那么需要将电池放在通风、干燥的环境下

保存，而且电池中要留一些余电，不要把电放得干干净净，也不要充满电保存，这两种方式都是不正确的。

② 冬天温度较低，电池放电速度会比较快，如果你第 1 天把电充满了，放了 3 天没有用，第 4 天再出行的时候，电量可能只剩下 60% 了，所以用户在出行前一定要检查好电池的电量，以免白跑。

③ 如果要带着无人机出行，一定要给电池装上保护套，以保证电池不被反复摩擦，提高电池的安全性。如果我们要上飞机，电池要放在随身携带的背包中，不能放进拖运的行李箱中，航空公司是禁止托运锂电池的。

④ 不能将电池与眼镜、手表、金属项链、发夹或者其他金属物体一起储存或运输。

⑤ 不能运输有破损的电池，电池电量高于 30% 也不行。

1.2.4 定期给无人机做体检，这样才安全

机械电子设备在长时间的使用中，肯定会有相应的磨损程度，无人机也不例外。为了保证无人机安全飞行，我们也需要定期对无人机进行维护和保养，使无人机在最佳的状态下工作，下面介绍八个无人机的维护要点，希望读者注意。

① 检查螺旋桨的桨叶：检查桨叶的外观是否正常，是否有弯折的痕迹，是否有破损、裂痕等，如果出现这些情况，要及时停止使用桨叶并丢弃，避免出现飞行风险。

② 检查螺旋桨的电机：检查电机轴承是否有松动、磨损的现象，中间固定的螺钉是否有松动、断裂，电机壳是否变形等，如图 1-5 所示。如果出现这些情况，要及时致电售后并处理，不能再飞行了。

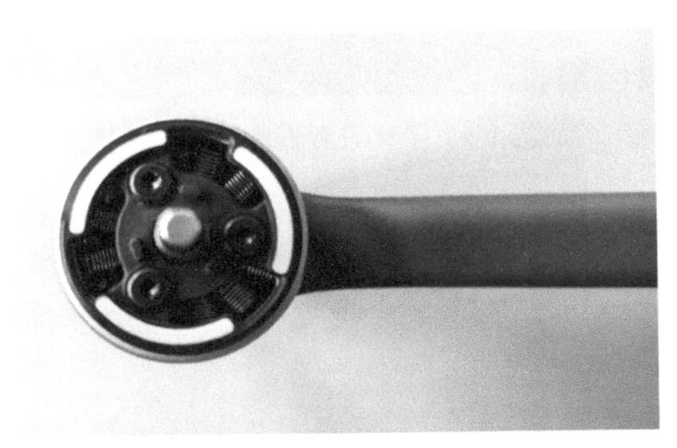

▲ 图 1-5 检查螺旋桨的电机

③ 检查 IMU（惯性测量单元）：为了保证无人机的安全飞行，平时也要检查 IMU 是否正常，如果不正常的话，需要进行校准。校准方法是：在 DJI GO 4 APP 飞行界面中，依次选择“飞控参数设置”|“高级设置”|“传感器状态”选项，打开“传感器状态”界面，点击“校准 IMU”按钮，如图 1-6 所示，即可重新校准 IMU。

④ 检查遥控器：遥控器也是一个非常重要的配件，是我们经常需要使用的。关于遥控器主要检查天线是否有损伤，因为天线影响信号的稳定性，以及遥控器与飞行器的连接是否正常，如果不正常的话，要及时致电售后解决问题。

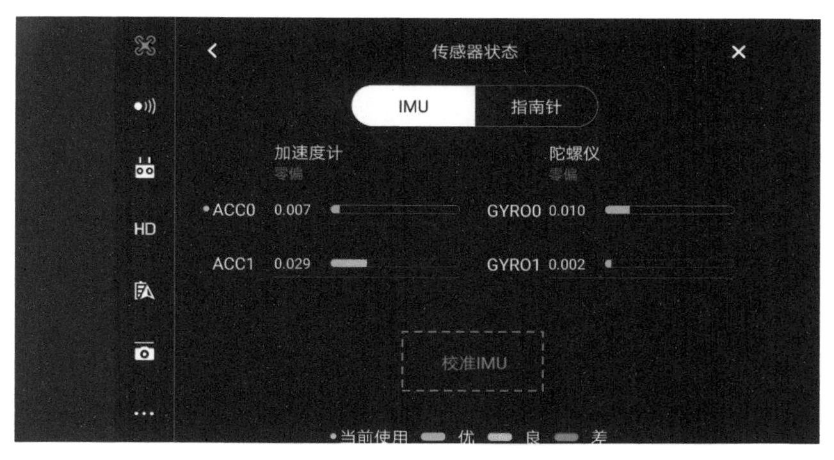

▲ 图 1-6　点击“校准 IMU”按钮

⑤ 检查云台相机：使用时，要将云台保护罩取下来，如图 1-7 所示，其他的时候一定要将保护罩扣上。云台相机的镜片一定不要用手直接触摸，如果相机镜头脏了，要用镜头清洁剂清洗干净。

⑥ 检查视觉定位系统：视觉定位系统在飞行器的下方，主要检查镜头上是否有异物或脏物，是否有裂痕。如果有异物，就用吹风枪等气吹器材及时清理；如果有裂痕的话，要及时致电售后，返厂维修。

▲ 图 1-7　使用时要将云台保护罩取下来

⑦ 检查无人机的机身：检查机身是否有损伤、裂痕，无人机机身的螺钉是否有松动和异样，如果有解决不了的问题，要及时返厂维修。

⑧ 检查电池：电池的外观是否有鼓胀或变形，是否有液体流出，是否受过严重的撞击，如果出现这些情况，要停止使用，并进行报废处理。

1.3　有去无回？飞行前检查能不能飞

飞行无人机之前，首先要学习相关的法律规范，并了解无人机的飞行限制及限飞区域，以免触犯了国家相关的法律法规，后果都是非常严重的。有关无人机的相关法律法规会不断变化，本节中有些条例在本书出版之后也有可能发生变化，如果用户需要了解最新的与无人机飞行相关的法律规范，可以上网查看当地航空管理局的网站。

1.3.1 飞行前，这些需要提前知道

中国民用航空局已经开始实行民用无人机实名登记注册制度，如果用户需要去某些国家旅游，也要先了解这个国家有没有要求个人对持有的无人机进行登记备案，具体情况用户可以登录相关的网站进行查阅。

以美国为例，所有质量在 0.55 ～ 55 磅（1 磅 =0.45 千克）的飞行器，在使用前都需要进行登记备案，登记备案的流程也非常简单，只需要用户提供自己个人的相关资料信息即可，当备案成功后，我们会收到一个编码和一张证书，收到的编码需要粘贴在飞行器上，建议用户放在电池盒内，这样既能防止编码的丢失，也符合相关的粘贴规定。

1.3.2 有两种方式查限飞区域

我们要熟知无人机的限飞区域，以免在不知情的情况下，违反了国家相关的法律法规。另外，有两种方式可以查询无人机的限飞区域：第一种是通过手机 APP 查询限飞区域；第二种是通过电脑网页查询限飞区域。下面分别进行相关介绍。

1. 通过手机 APP 查询限飞区域

进入 DJI GO 4 APP 主界面，1点击右上角的“设置”按钮☰；2在弹出的列表框中点击“限飞信息查询”选项，即可打开 DJI 大疆限飞区查询界面；3在界面上方的“搜索栏”中输入相应的地点，即可查询无人机的限飞区域，如图 1-8 所示。

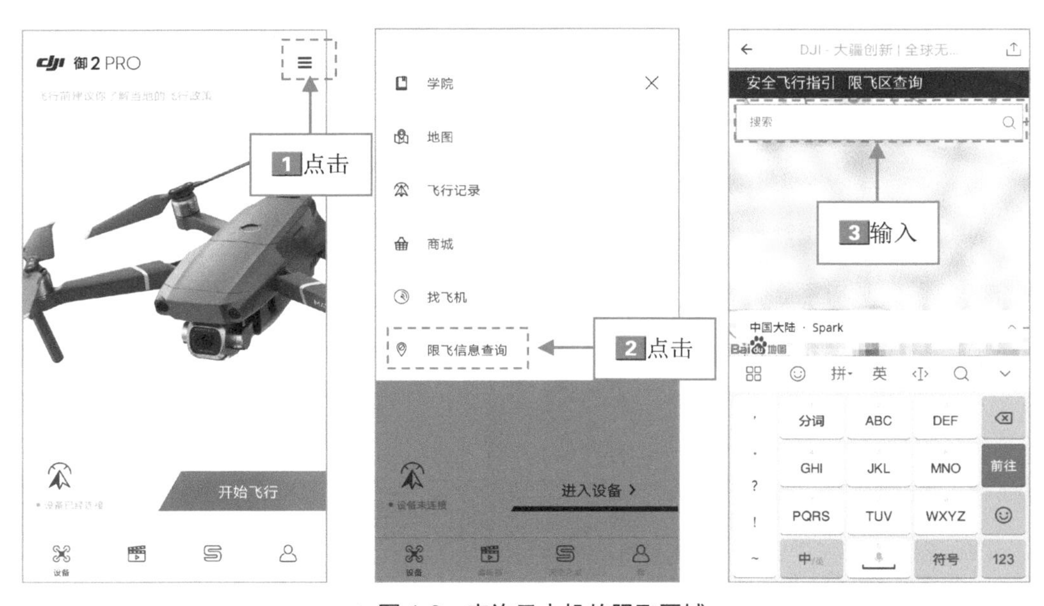

▲ 图 1-8　查询无人机的限飞区域

2. 通过电脑网页查询限飞区域

下面介绍通过电脑网页查询限飞区域的操作方法。

Step 01 打开浏览器，在地址栏中输入大疆平台的网址，打开大疆平台的“安全飞行指引”网页，如图 1-9 所示。

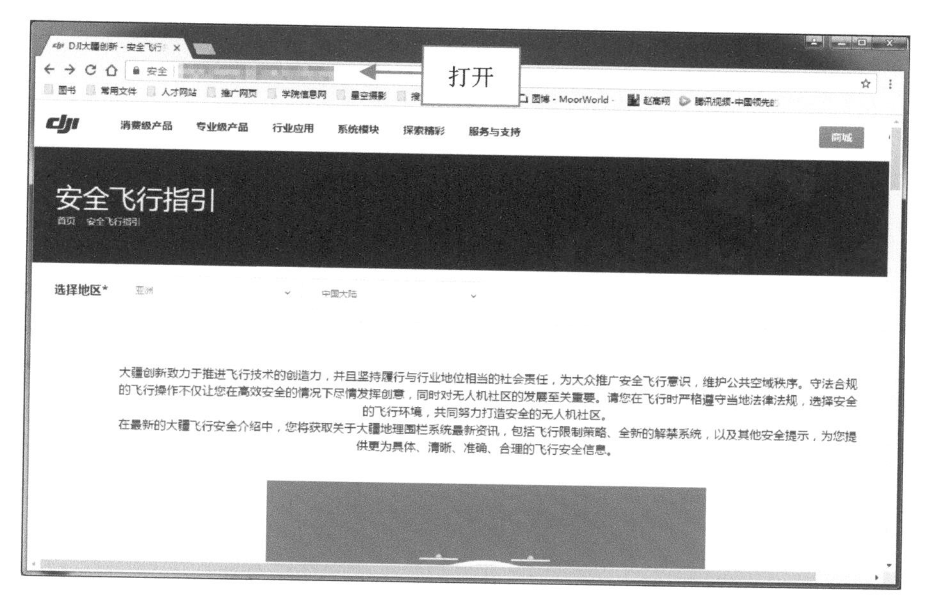

▲ 图 1-9　打开大疆平台的“安全飞行指引”网页

Step 02 在网页中滚动页面，在下方单击“限飞区查询”按钮，如图 1-10 所示。

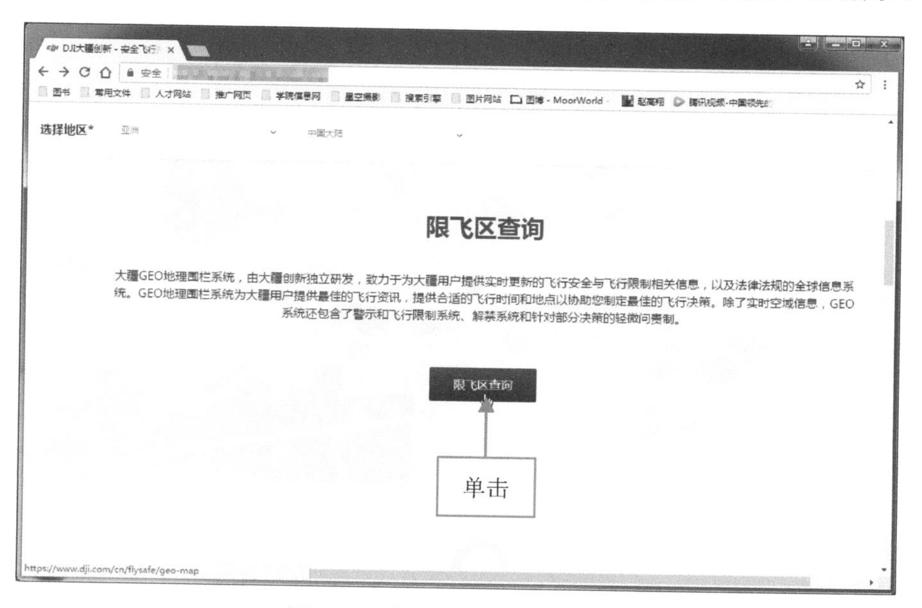

▲ 图 1-10　单击“限飞区查询”按钮

Step 03 打开相应的网页，限飞区将以粉红色显示，像一个糖果形状，如图 1-11 所示。

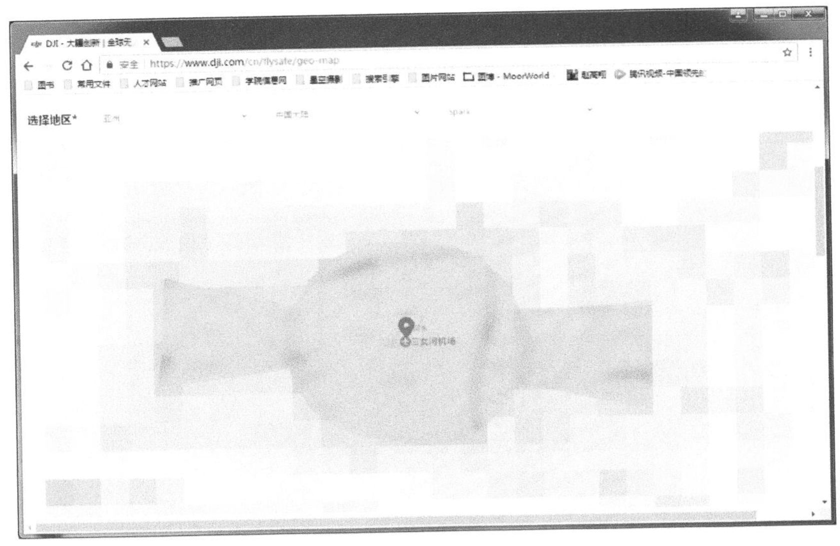

▲ 图 1-11　限飞区将以粉红色显示

Step 04 用户还可以通过网页上方的搜索栏，搜索相应的区域，查看该区域是否为禁飞区，如图 1-12 所示。

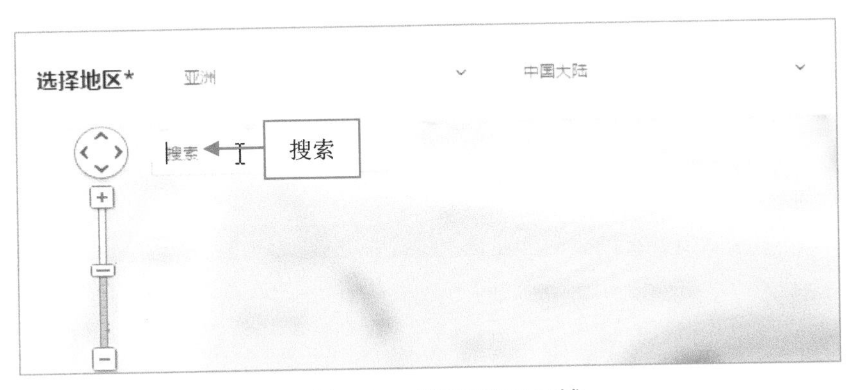

▲ 图 1-12　搜索相应的区域

☆专家提醒☆

无人机在靠近限飞区域时，其性能会受到不同程度的影响，如无人机会被减速、无法进行相关飞行操作、正在执行的飞行操作被中止等。

所以，用户很有必要了解自己所要飞行的区域是否为禁飞区。安徽黄山风景区、杭州西湖等部分风景名胜区飞行无人机需提前备案，在风景名胜区域飞行前，建议提前查询有关区域的具体无人机使用规则。

1.3.3　这些城市全城禁飞

在上一节中，向读者介绍了如何查询无人机的限飞区域，除了政府机关、机场等重要场所是无人机的禁飞区域外，一些主要的城市也禁飞，比如北京、广州等，这些城市是全城禁飞的。这是为什么呢？因为近几年来，随着无人机的普及，出现了一系列无人机事件，导致多次航班延误、被迫降落。所以，现在凡是有机场的地方，几乎都禁止无人机的飞行，不按规则飞行无人机被行政拘留的事件也比比皆是。

在北京的行政区域内，高度从地面至无限高，禁止一切飞行活动，也就是说无人机不能离开地面，北京市任何时段六环内都禁飞，还包括了六环外的昌平、顺义、怀柔、密云、延庆、平谷、门头沟等区。如果需要飞行，则需要北京空管部门审批，向公安机关报备。

关于广州市的禁飞政策，以白云机场基准点为圆心半径 55 千米范围构成的区域为白云机场净空保护区域，禁止无人机飞行，范围包括广州市、佛山市、清远市、东莞市、四会市等多个市及区。

依据《中华人民共和国飞行基本规则》第三十五条规定：所有飞行必须预先提出申请，经批准后方可实施。开展“低慢小”航空器飞行活动，应当预先向各战区空军或民航空中管制部门提出申请，经批准后方可实施。也就是理论上所有飞行都得申请，不申请就是违规。

☆专家提醒☆

一般来讲，大疆电子围栏系统将机场周边、北京六环以内区域、新疆各地市的市区范围等设置为禁飞区，在没有审批备案等手续情况下，可视为实际禁飞区域，但对于有具体明确拍摄任务、目的，并确保飞行安全的情况下，在经过必要的各环节审批备案后，可在大疆官方网站、DJI GO4 APP 内通过上传相关材料对此类禁飞区域进行解禁。

1.3.4 要想安全，不要超过这个飞行高度

飞行无人机的时候，飞行高度尽量保持在 125 米以内，因为超过 125 米的无人机我们是看不太清楚的，也不知道周围的飞行环境是否安全，尽量让无人机在可视范围内飞行，这是最安全的。用户可以在遥控器中对飞行高度进行相关设置，当无人机飞行到一定的高度时，遥控器会进行相关的提示，而且用户也无法再继续往上飞行。下面介绍具体的设置方法。

Step 01 在飞行界面中，点击右上角的“通用设置”按钮•••，进入“飞控参数设置”界面，在“最大高度限制”右侧的数值框中输入 400，如图 1-13 所示。

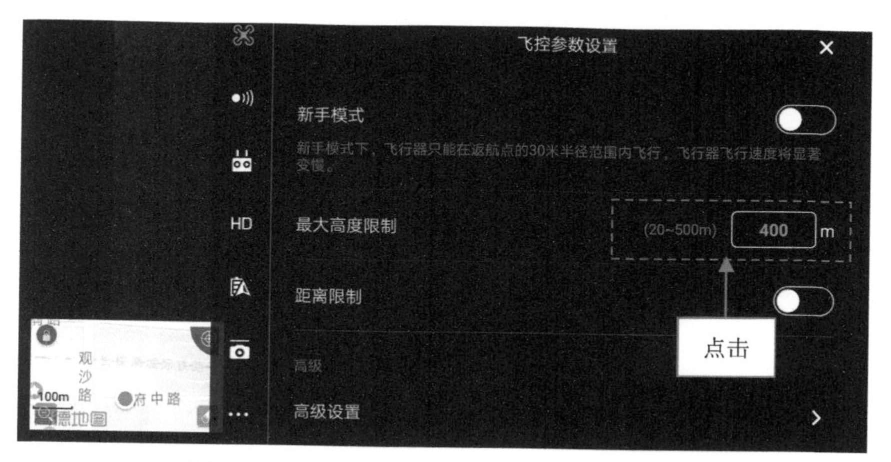

▲ 图 1-13 点击“最大高度限制”右侧的 400 数值框

Step 02 此时，会弹出“声明”提示信息，请用户仔细阅读相关的内容，点击下方的“同意”按钮，如图 1-14 所示。

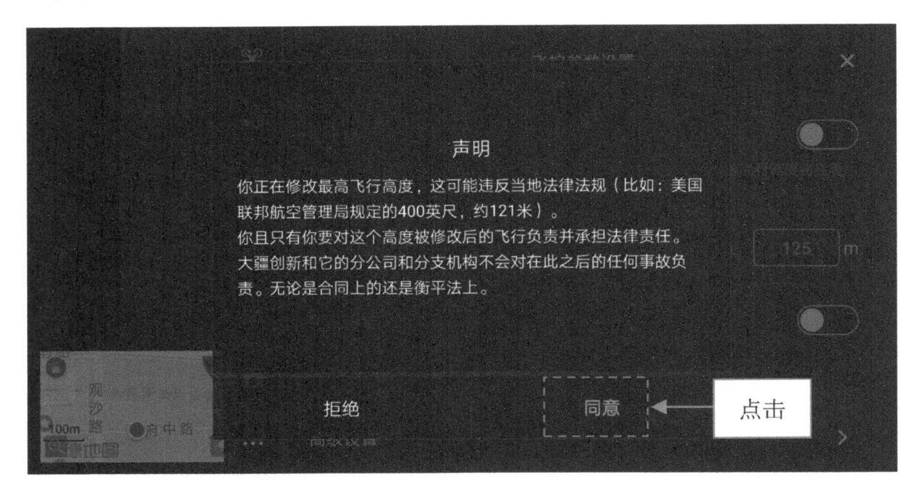

▲ 图 1-14　点击下方的“同意”按钮

Step 03 执行操作后，即可在数值框中输入相应的数值，这里输入 125，如图 1-15 所示，即可设置最大的飞行高度。

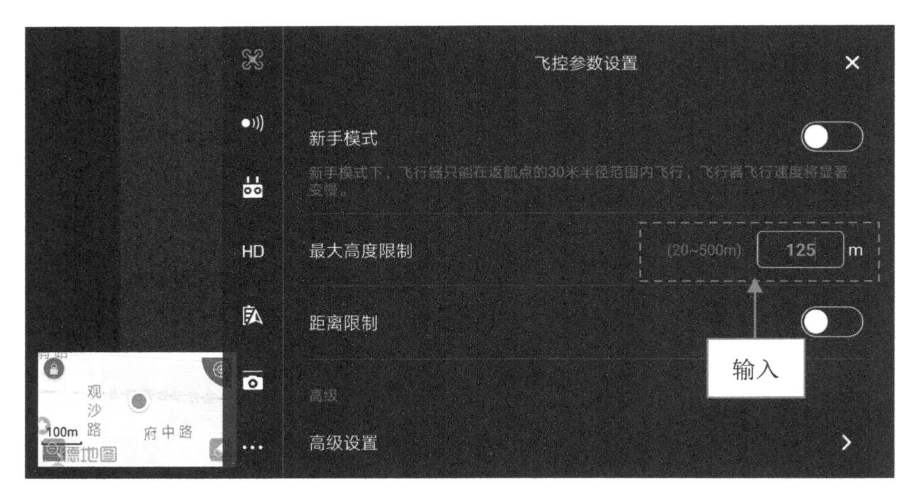

▲ 图 1-15　在数值框中输入 125

第 2 章 认识无人机与正确使用配件

学前提示

什么是无人机？在以前的时代，无人机是专门用来侦探敌方军情的，而随着技术的不断进步，无人机的应用领域逐渐变得广泛，不仅仅限于军事领域，还包括很多其他的领域。它是航拍爱好者最喜欢的设备。本章主要带领大家认识无人机，并了解正确使用配件的技巧。

2.1 这三款无人机，最受大众喜爱

大疆系列的无人机是应用最广泛的，常见的有大疆精灵系列（Phantom）、大疆御系列（Mavic）以及大疆悟系列（Inspire），这三个系列的无人机深受用户喜爱。本节将向用户简单介绍这三个系列无人机的相关知识，用户可以选择一款合适自己的无人机。

2.1.1 什么是无人机

在很早以前，无人机没有这么发达的时候，摄影航拍爱好者都是自己亲手制作无人机，用来航拍照片，而现在大疆开发了这些小巧、轻便的无人机，方便摄影人士旅行携带，这也使得无人机在摄影圈中迅速火起来了。图 2-1 所示为大疆精灵系列的无人机。

▲ 图 2-1 大疆精灵系列的无人机

大疆是目前世界范围内航拍平台的领先者，先后研发了不同的无人机系列，相机功能也十分强大，大疆御系列的无人机拥有 1200 万像素航拍相机，拍摄画面十分清晰。

2.1.2 大疆精灵系列

大疆的精灵系列是一款入门级的无人机，包括大疆精灵 1、大疆精灵 2、大疆精灵 3、大疆精灵 4 等不同型号，非常适合航拍初学者使用，设计上非常美观，操作也很简单。下面分别对大疆精灵系列的 4 种机型进行简单介绍。

1. 大疆精灵 1 系列

大疆精灵 1 系列是大疆首款可用于空中拍摄的小型垂直起降、一体化多旋翼飞行器，引发了航拍领域的重大变革，拥有专业的飞控系统，并配置了无线电遥控系统，在出厂前就已经设置、调试好了各项飞行参数和功能。用户购买之后，可立即实现飞行，易操作、易维护，能让初学者轻而易举地学会无人机的使用。

2. 大疆精灵 2 系列

大疆精灵 2 系列是大疆在第一代产品精灵 1 的基础上做了诸多改进，而推出的一代升级产品，精灵 2 能更好地支持 Zenmuse H3-2D 云台、Zenmuse H3-3D 云台和 Zenmuse H4-3D 云台，让用户随随便便就能拍出高清的照片和视频，电池的续航能力也大大增强，在空中飞行时可以实现相机机头自由旋转，如图 2-2 所示。

▲ 图 2-2 大疆精灵 2 系列

3. 大疆精灵 3 系列

大疆精灵 3 系列继承了“精灵”系列前几款的高度稳定性、卓越飞行体验以及航拍画质，令航拍变得简单、便捷。用户可以通过 APP 对相机的曝光和快门参数进行单独控制。大疆精灵 3 系列具有高清的图像传输系统，支持第一人称视角监视，主打特色便是 4K 超清航拍。

4. 大疆精灵 4 系列

2017 年 4 月 13 日，大疆发布一款延续之作：精灵 Phantom 4 Advanced 无人机。该款无人机增强了发动机的功能，配置也有全面的提升，另外首次加入的“障碍感知”“智能跟随”“指点飞行”三项创新功能成为最大亮点，让无人机真正地与人工智能进行了结合。还有可以拆卸的螺旋桨，集成相机的配置功能更加强大，飞行时的平衡能力也更强，精灵 4 Pro 是目前最为智能的消费级航拍无人机。

2.1.3 大疆御系列

大疆御系列无人机与以往的无人机不同，Mavic Pro 主打轻便、易携带的特点，当我们把无人机收起来的时候，一只手就能拿下 Mavic Pro，非常适合喜欢出去旅行的摄影爱好者使用，而且该款无人机也能够拍摄出 4K 分辨率的视频，并配备地标领航系统，最长的飞行时间可达 30 分钟，飞行距离可达 7 千米。

“御”Mavic 2 系列无人机包括“御”Mavic 2 专业版及“御”Mavic 2 变焦版两款，“御”Mavic 2 专业版更受摄影爱好者的青睐，如图 2-3 所示。

▲ 图 2-3 “御”Mavic 2 专业版

2.1.4　大疆悟系列

“悟”系列的无人机包含两款，一款是 Inspire 1，是全球首款可变形的航拍无人机飞行器，支持 4K 拍摄，如图 2-4 所示；另一款是 Inspire 2，该款无人机适合高端电影、视频创作者使用，机身在设计上更加坚固，也更加轻便，如图 2-5 所示。

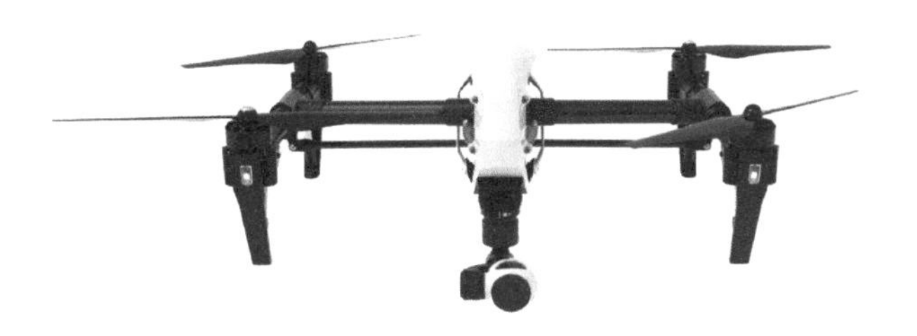

▲ 图 2-4　“悟”Inspire 1 无人机

▲ 图 2-5　“悟”Inspire 2 无人机

2.2　如何选择性价比高的无人机

市场上的无人机，品类那么多，到底哪一款无人机才适合自己呢？首先你要问问自己，购买无人机主要用来做什么？知道了购买目的，对照无人机的功能和用途，就能找到适合自己的无人机设备。本节主要介绍如何选购无人机设备的相关知识和技巧。

2.2.1　购买前先看这里，别浪费钱

我们在选购无人机的时候，不仅要从无人机的用途出发来选购，还要选择一款性价比较高的无人机，如果无人机是用来拍摄影视作品，那么建议选择大疆的“悟”Inspire 系列，“悟”Inspire 2 作为全新的专业影视航拍平台，非常适合拍摄影视剧画面的用户，它能拍摄 4K 的视频，就算是在强光下拍摄，也能看到清晰的图传画面。

如果你是摄影爱好者，又喜欢出去旅游，希望用无人机来记录美好的山水风光景色，那么建议购买一台“御”Mavic 2 专业版无人机，不仅能拍摄出高清的画质，出门携带也

非常方便、轻巧，一只手就能轻松拿下，出行没有负担。图 2-6 所示为 Mavic 2 专业版无人机在空中飞行时航拍的画面效果。

▲ 图 2-6　Mavic 2 专业版无人机航拍的画面效果

如果你是一位航拍新手，还不懂无人机的基本使用，只是对航拍比较感兴趣，想学一学无人机的拍摄技术，那么建议你先购买一台入门级的无人机，先自己练练手。

可以先在网上购买一台便宜的无人机，价格在 200 ～ 300 元的小飞机，先了解一下无人机的基本飞行技巧，这样就算炸机了也不会太心疼，毕竟价格不贵，这一类的无人机还自带相机功能，用户也可以用来拍照，只是像素不太高，如图 2-7 所示。

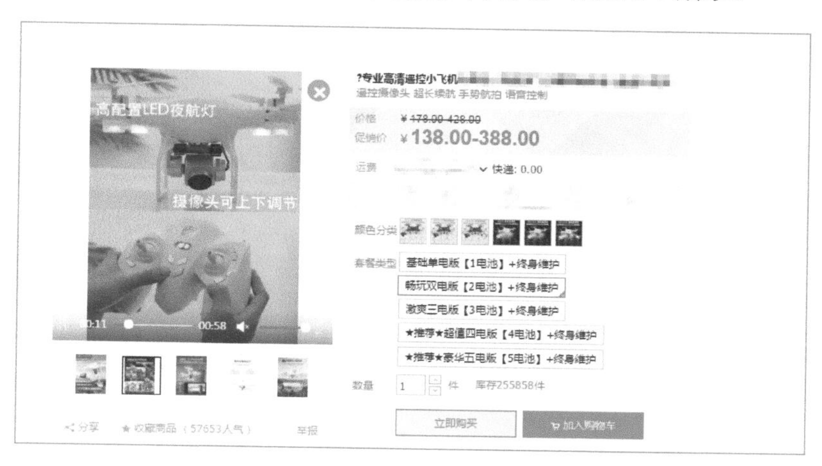

▲ 图 2-7　价格在 200 ～ 300 元的小飞机

2.2.2　无人机自带的物品清单，要知晓

购买无人机之前，首先需要了解无人机有哪些物品清单，以免出现配件缺失或遗漏的现象，下面以大疆“御”Mavic 2 专业版为例，物品清单如图 2-8 所示。

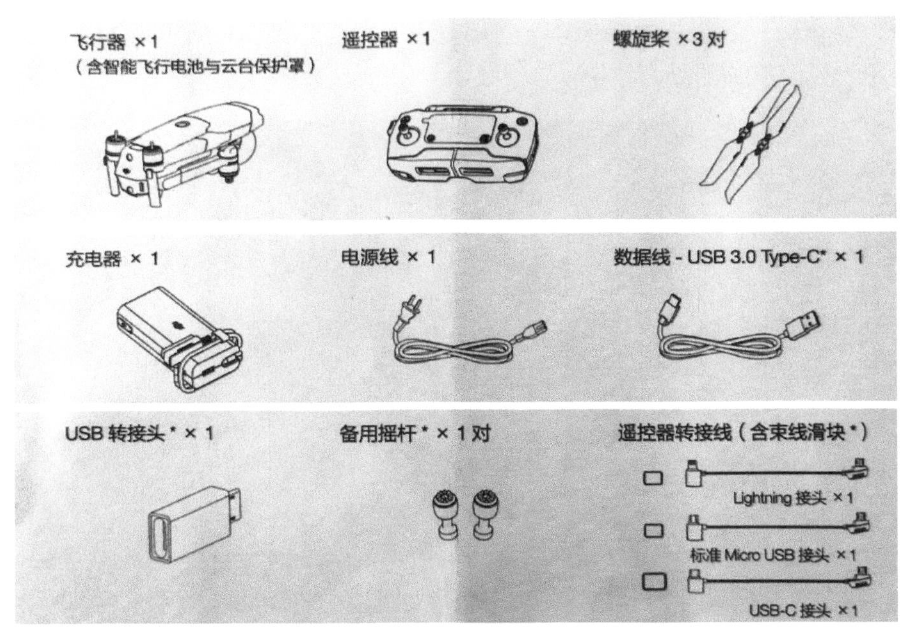

▲ 图 2-8　物品清单

“御”Mavic 2 专业版无人机机身自带 8GB 机载内存，一般情况下，这个容量是完全不够用的，建议用户再自行购买内存卡来扩展容量，而且 Mavic 2 无人机只有一块电池，每次只能飞 30 分钟左右，建议用户再购买 1 ～ 2 块电池备用。

“御”Mavic 2 专业版有一款全能配件包，非常实用，不仅有两块飞行电池，还有车载充电器，可以方便用户在车上充电，还送了两对螺旋桨，以及一个单肩包，比单买省钱，如图 2-9 所示。

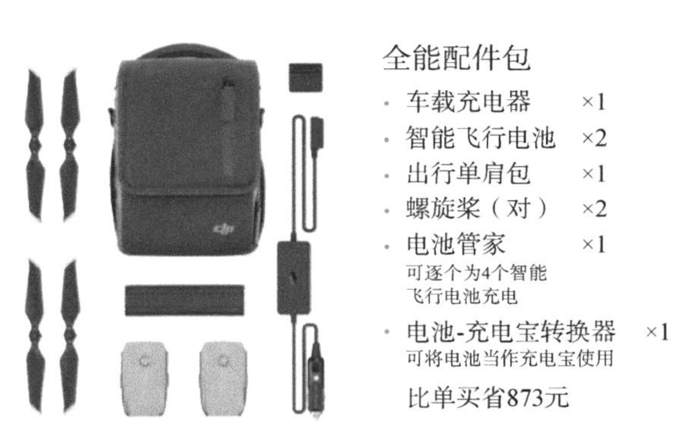

▲ 图 2-9　“御”Mavic 2 专业版全能配件包

2.2.3　掌握这些参数，明白自己的需求

我们在购买无人机之前，首先需要了解无人机的一些规格参数，比如无人机的工作环境、云台的参数、镜头的参数、照片的拍摄尺寸以及视频的分辨率等，以此确定其功能是否符合自己的需求。下面以大疆“御”Mavic 2 专业版为例，进行相关介绍。

1. 飞行器的规格参数

⊙ 起飞质量：907g；
⊙ 最大水平飞行速度：72km/h（运动模式，海平面附近无风环境）；
⊙ 最大起飞海拔高度：6000m；
⊙ 工作环境温度：-10 ～ 40℃；
⊙ 工作频率：2.4GHz（穿透性较好），5.8GHz（在无线电复杂环境下干扰会少点）。

2. 云台的规格参数

⊙ 可控转动范围（俯仰）：-90° ～ 30°；
⊙ 可控转动范围（偏航）：-90° ～ 90°。

3. 相机的规格参数

⊙ 影像传感器：1 英寸 CMOS，有效像素 2000 万；
⊙ 视角：约 77°；
⊙ 35mm 格式等效焦距：28mm；
⊙ 光圈：f/2.8 ～ f/11；
⊙ 可对焦范围：1 m 至无穷远；
⊙ 视频 ISO 范围：100 ～ 6400；
⊙ 照片 ISO 范围：100 ～ 3200（自动）；100 ～ 12800（手动）；
⊙ 电子快门速度：8 ～ 1/8000 s；
⊙ 最大照片尺寸：像素 5472×3648；
⊙ 照片拍摄模式：单张拍摄、多张连拍、自动包围曝光、定时拍摄；
⊙ 录视频分辨率：4K Ultra HD（3840×2160，24/25/30p），2.7K（2688×1512，24/25/ 30/48/50/60p），FHD（1920×1080，24/25/30/48/50/60/120p）；
⊙ 视频存储最大码流：100Mbit/s；
⊙ 图片格式：JPEG，DNG（RAW）；
⊙ 视频格式：MP4，MOV；
⊙ 支持存储卡类型：MicroSD 卡，最大支持 128GB 容量，传输速度达到 UHS-I Speed Grade 3 评级的 MicroSD 卡。

4. 遥控器的规格参数

⊙ 最大信号的有效距离：FCC（8km），CE/MIC（5km），SRRC（5km）；
⊙ 工作环境温度：0 ～ 40℃；
⊙ 电池：3950mA • h / 3.83V；
⊙ 工作电流 / 电压：1800mA / 3.83V（给外部设备充电时）。

5. 充电器与电池的规格参数

⊙ 充电器电压：（17.6±0.1）V；

- 充电器额定功率：60W；
- 电池容量 / 能量：3850mA • h/59.29W • h；
- 电池电压：17.6V（满充电压），15.4V（典型电压）；
- 电池类型：LiPo；
- 充电环境温度：5～40℃；
- 最大充电功率：80 W。

2.3 要想安全，先认识这些配件的使用

无人机的配件包括遥控器、操作杆、云台相机、充电器、螺旋桨等，熟练掌握这些配件的使用方法、功能与特性，可以帮助用户更好、更安全地飞行无人机，接下来将对这些内容进行详细介绍。

2.3.1 遥控器：熟悉功能，才能熟练飞好

以大疆“御”Mavic 2 专业版为例，这款无人机的遥控器采用 OcuSync2.0 高清的图传技术，通信距离最大可在 8 千米，通过手机屏幕可以高清地显示拍摄的画面，遥控器的电池最长工作时间为 1 小时 15 分钟。下面介绍遥控器上的各功能按钮，如图 2-10 所示。

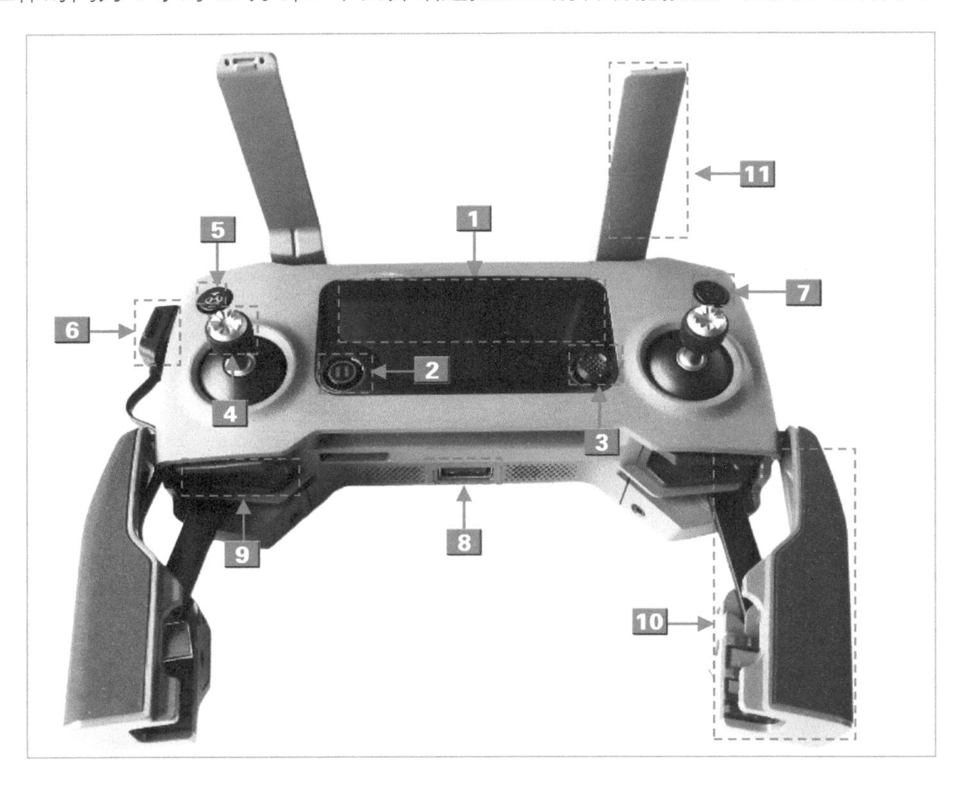

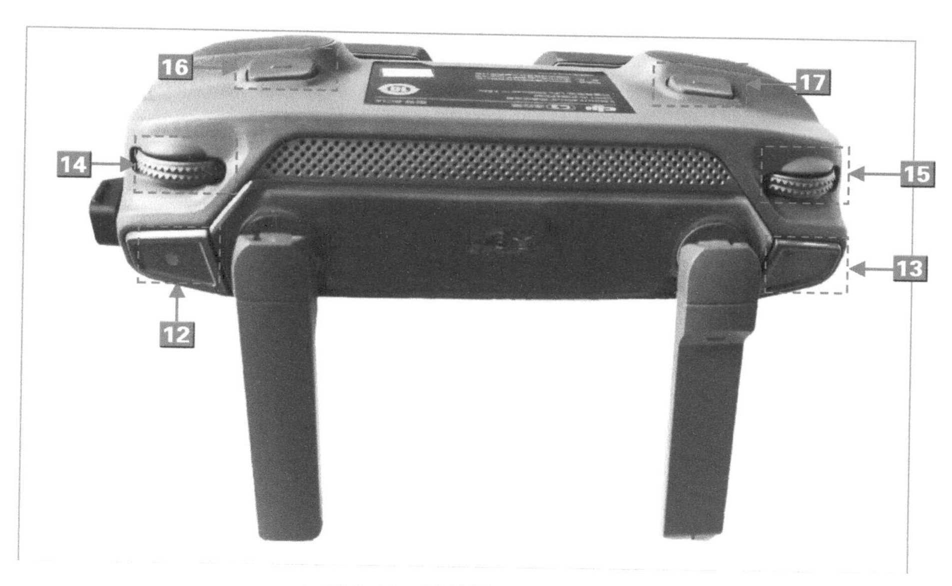

▲ 图 2-10　遥控器上的各功能按钮

1 状态显示屏：可以实时显示飞行器的飞行数据，如飞行距离、飞行高度，以及剩余的电池电量等信息。

2 急停按钮：当用户在飞行过程中出现特殊情况需要停止飞行，可以按下此按钮，飞行器将停止当前的一切飞行活动。

3 五维按钮：这是一个自定义功能键，用户可以在飞行界面点击右上角的“通用设置”按钮，打开“通用设置”界面，在左侧点击“遥控器”按钮，进入“遥控器功能设置”界面，在其中可以对五维键功能进行自定义设置，如图 2-11 所示。

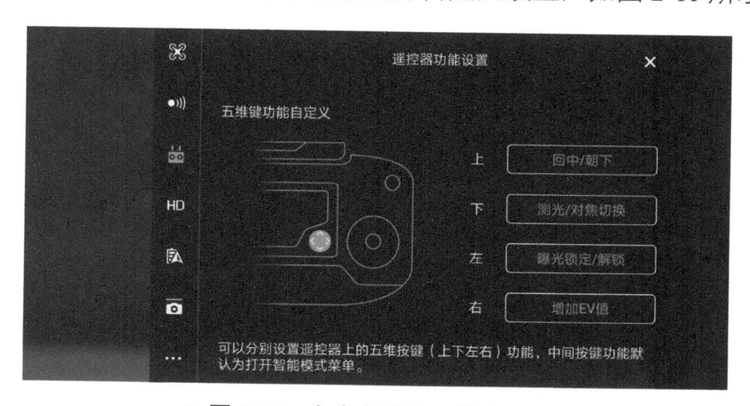

▲ 图 2-11　自定义设置五维键的功能

4 可拆卸遥杆：遥杆主要负责飞行器的飞行方向和飞行高度，如前、后、左、右、上、下以及旋转等。

5 智能返航键：长按智能返航键，将发出“嘀嘀”的声音，此时飞行器将返航至最新记录的返航点，在返航过程中还可以使用遥杆控制飞行器的飞行方向和速度。

6 主图传 / 充电接口：接口为 Micro USB。该接口有两个作用：一是用来充电；二是用来连接遥控器和手机，通过手机屏幕查看飞行器的图传信息。

7 电源按钮：首先短按一次电源按钮，状态显示屏上将显示遥控器当前的电量信息，然后再长按 3 秒，即可开启遥控器，显示开机信息，如图 2-12 所示。关闭遥控器的方法也是一样的，首先短按一次，然后长按 3 秒，即可关闭遥控器。

▲ 图 2-12　开启遥控器显示开机信息

8 备用图传接口：这是备用的 USB 图传接口，可用于连接 USB 数据线。

9 遥杆收纳槽：当用户不再使用无人机时，需要将遥杆取下，放进该收纳槽中。

10 手柄：双手握着，手机放在两个手柄的中间卡槽位置，卡槽可以稳定手机等移动设备。

11 天线：用于接收信号，准确与飞行器进行信号接收与传达。

12 录影按钮：按下该按钮，可以开始或停止视频画面的录制操作。

13 对焦 / 拍照按钮：该按钮为半按状态时，可为画面对焦；按下该按钮，可以进行拍照。

14 云台俯仰控制拨轮：可以实时调节云台的俯仰角度和方向。

15 光圈 / 快门调节拨轮：可以实时调节光圈和快门的具体参数。

16 自定义功能按键 C1：该按钮默认情况下，具有中心对焦功能，用户可以在 DJI GO 4 的“通用设置”界面中，自定义设置功能按键。

17 自定义功能按键 C2：该按钮默认情况下，具有回放功能，用户可以在 DJI GO 4 的“通用设置”界面中，自定义设置功能按键。

2.3.2　状态显示屏：熟知提示，心里有数

熟悉遥控器状态显示屏中各功能信息，可以帮助我们更安全地飞行无人机，随时掌握无人机在空中飞行的动态，所以我们要熟知屏幕中的信息代表的具体含义，如图 2-13 所示。

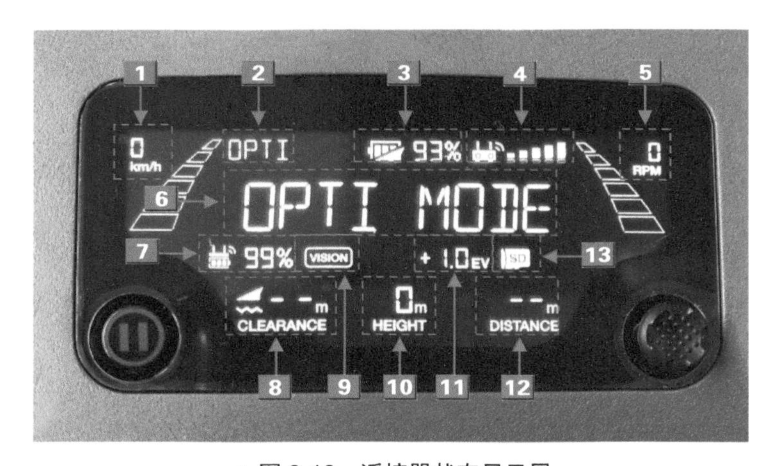

▲ 图 2-13　遥控器状态显示屏

1 飞行速度：显示飞行器当前的飞行速度。

2 飞行模式：显示当前飞行器的飞行模式，OPTI 是指视觉模式，如果显示 GPS，则表示当前是 GPS 模式。

3 飞行器的电量：显示当前飞行器的剩余电量信息。

4 遥控器信号质量：5 格信号代表质量非常好，如果只有 1 格信号，表示信号弱。

5 电机转速：显示当前电机转速数据。

6 系统状态：显示当前无人机系统的状态信息。

7 遥控器电量：显示当前遥控器的剩余电量信息。

8 下视视觉系统显示高度：显示飞行器下视觉系统的高度数据。

9 视觉系统：此处显示视觉系统的名称。

10 飞行高度：显示当前飞行器起飞的高度。

11 相机曝光补偿：显示相机曝光补偿的参数值。

12 飞行距离：显示当前飞行器起飞后与起始位置的距离值。

13 SD 卡：这是 SD 卡的检测提示，表示 SD 卡正常。

2.3.3　操作杆：掌握好方向，才能不炸机

遥控器的操作方式有两种，用无人机航拍圈内的话说，就是分为“美国手”与“日本手”，“美国手”就是左遥杆控制飞行器的上升、下降、左转和右转操作，右遥杆控制飞行器的前进、后退、向左和向右的飞行方向；而“日本手”就是左遥杆控制飞行器的前进、后退、左转和右转，右遥杆控制飞行器的上升、下降、向左和向右飞行，如图 2-14 所示。

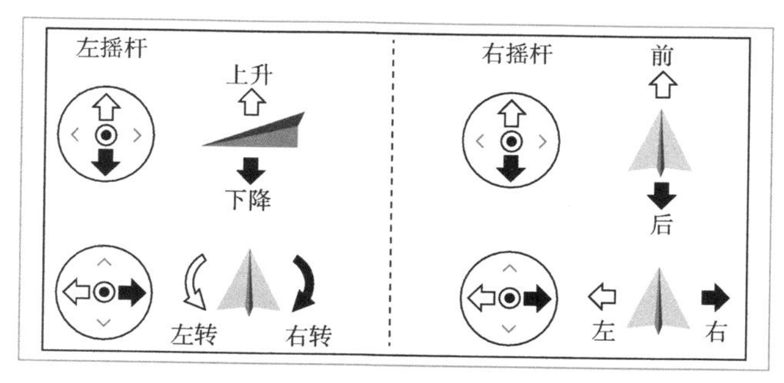

“美国手”的操控方式

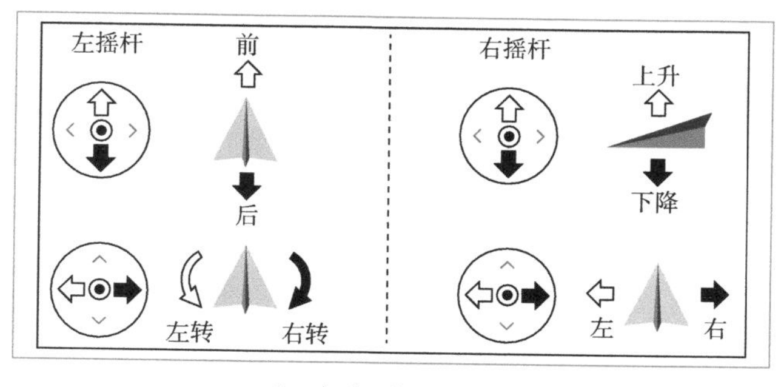

“日本手”的操控方式

▲图 2-14　“美国手”与“日本手”的操控方式

遥控器出厂的时候，默认的操作方式是“美国手”，因此本书主要以“美国手”为例，讲解遥控器的具体操控方式。飞行器起飞时，应该将左遥杆缓慢地往上推杆，让飞行器缓慢上升，慢慢离开地面，这样飞行才安全。如果用户猛地将左遥杆往上推，那么飞行器会急速上冲，一不小心会引起炸机。

遥控器上的遥杆还有一个比较好的功能，特别适合新手，就是当飞行器在空中发生意外或故障时，左右双遥杆同时往内/外掰，可以使飞行器迅速在空中停桨，如图 2-15 所示。

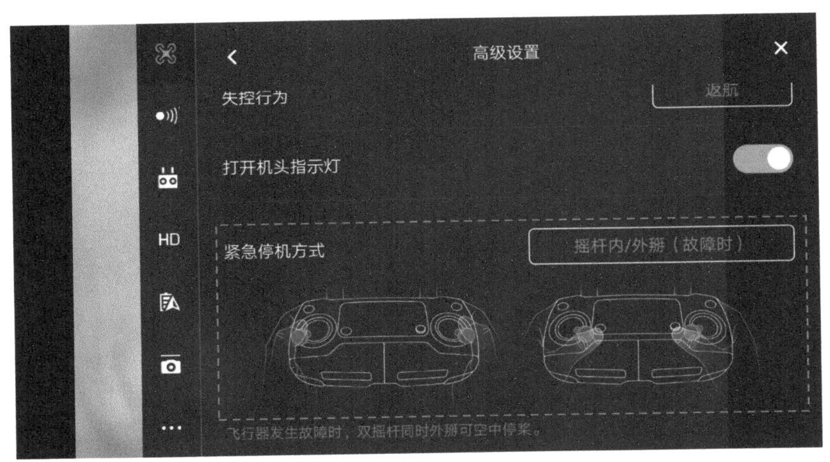

▲ 图 2-15　左右双遥杆同时往外掰

2.3.4　云台：要想拍好片子，这个是关键

随着无人机技术的不断升级与进步，云台相机的拍摄功能越来越强大，云台俯仰角度的可控范围在 −90° ～ 30° 之间，无人机在空中高速飞行的过程中也能拍摄出清晰的照片与视频画面，“御”Mavic 2 专业版无人机的云台效果如图 2-16 所示。

▲ 图 2-16　“御”Mavic 2 专业版无人机的云台效果

我们有两种方法可以调整云台的角度：一种是通过遥控器上的云台俯仰拨轮，调整云台的拍摄角度；另一种是在 DJI GO 4 APP 飞行界面中，长按图传屏幕，此时屏幕中将出现蓝色的光圈，如图 2-17 所示，通过上下左右拖动光圈，也可以调整云台的角度。

▲ 图 2-17　屏幕中出现蓝色的光圈

2.3.5　螺旋桨：告诉你最快的安装技巧

“御” Mavic 2 专业版无人机使用降噪快拆螺旋桨，桨帽分为两种：一种是带白色圆圈标记的螺旋桨；另一种是不带白色圆圈标记的螺旋桨，如图 2-18 所示。

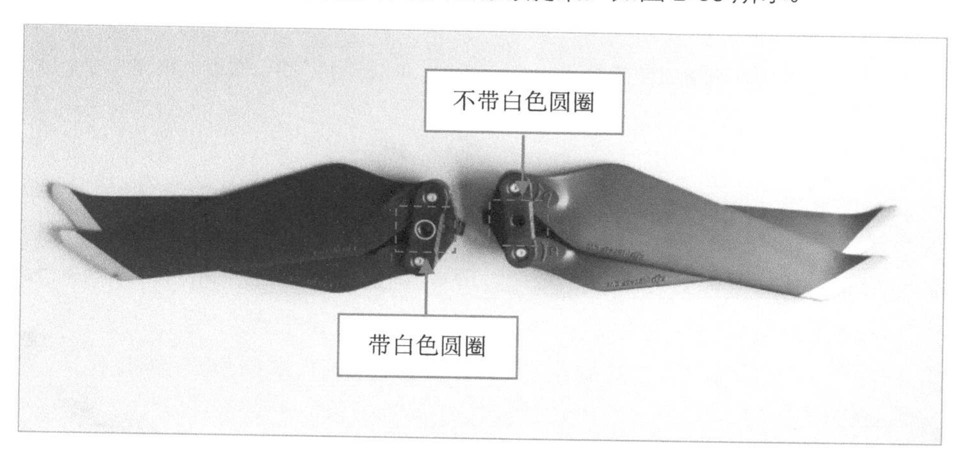

▲ 图 2-18　带白色圆圈和不带白色圆圈标记的螺旋桨

1. 安装方法

将带白色圆圈的螺旋桨安装至带白色标记的安装座上，如图 2-19 所示；不带白色圆圈的螺旋桨安装至不带白色标记的安装座上，如图 2-20 所示。

▲ 图 2-19 白色标记的安装座

▲ 图 2-20 不带白色标记的安装座

将桨帽对准电机桨座的孔，如图 2-21 所示，嵌入电机桨座并按压到底，再沿边缘旋转螺旋桨到底，松手后螺旋桨将弹起锁紧，如图 2-22 所示，一定要检查螺旋桨有没有锁紧。

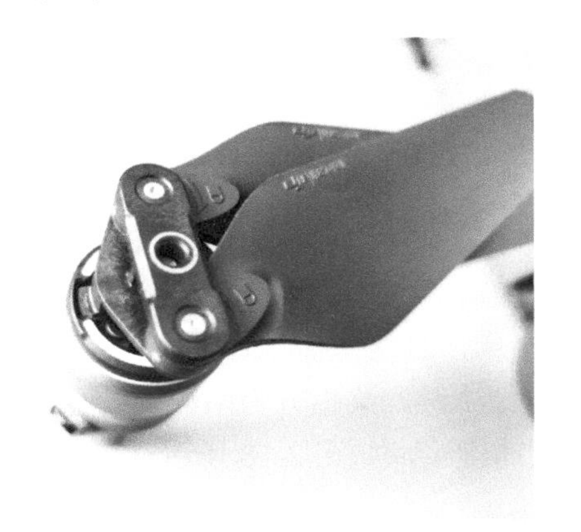

▲ 图 2-21 将桨帽对准电机桨座的孔

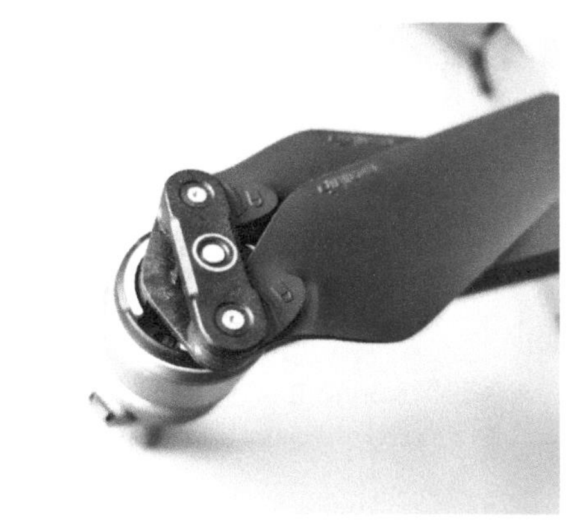

▲ 图 2-22 螺旋桨将弹起锁紧

2. 拆卸方法

当我们不需要再飞行无人机了，就可以将无人机收起来，在折叠收起的过程中，也需要收起螺旋桨，这样可以防止螺旋桨伤到人或受损。拆卸螺旋桨的方法很简单，只需要用力按压桨帽到底，然后沿螺旋桨所示的锁紧方向反向旋转螺旋桨，即可拧出拆卸下来。

在拆卸和使用螺旋桨的过程中，用户需要注意以下七个要点：

① 用户需要使用相同型号的螺旋桨，切忌与其他无人机的螺旋桨混用。

② 由于螺旋桨的桨叶比较薄，用户拿起或放下的时候，一定要小心。

③ 螺旋桨属于容易损耗的配件，如果有损伤了，一定要换掉，不可再使用。

④ 每次飞行前，一定要检查螺旋桨是否完好，电机是否正常，螺钉是否有松动，配件是否有老化、变形、破损的状况。

⑤ 确保电机安装牢固、电机内无异物，可以自由旋转。

⑥ 用户千万不能自行改装电机的物理结构。

⑦ 当用户停止无人机的飞行后，不要立即用手去拆卸螺旋桨，因为这个时候的电机是发烫的状态，容易烫到手，等电机冷却后再拆卸螺旋桨。

2.3.6　电池充不进电？可能是方法不对

无人机的机身上，有一个地方是放电池的，电池上面有一个开关按钮，按一下开关按钮，会显示电量指示灯，电量指示灯一共有 4 格，从低到高显示电量，如图 2-23 所示。

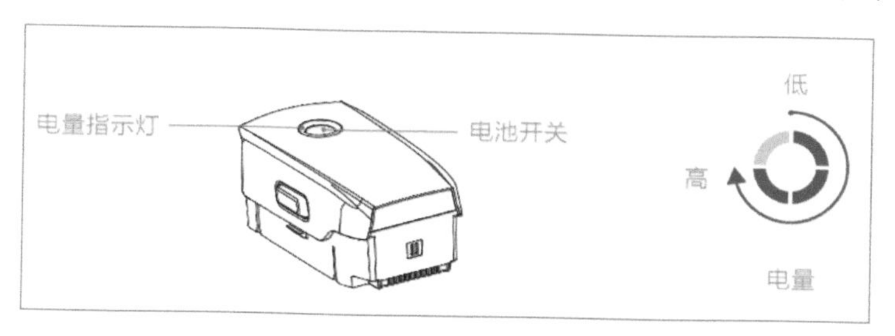

▲ 图 2-23　电量指示灯和电池开关

冬天的时候，如果外部环境温度过低，电池可能会出现充不进电的情况，这个时候不要慌张，不是电池出了问题，而是充电环境温度不适宜，只需把电池放到温暖的环境下，待电池有了一定温度后，再充电，就没有问题了。

正确的充电方法是，将电源适配器的插槽连接电池插槽，再将插头连接插座孔，如图 2-24 所示。电池充满电后，要及时拔下，以免引发爆炸。

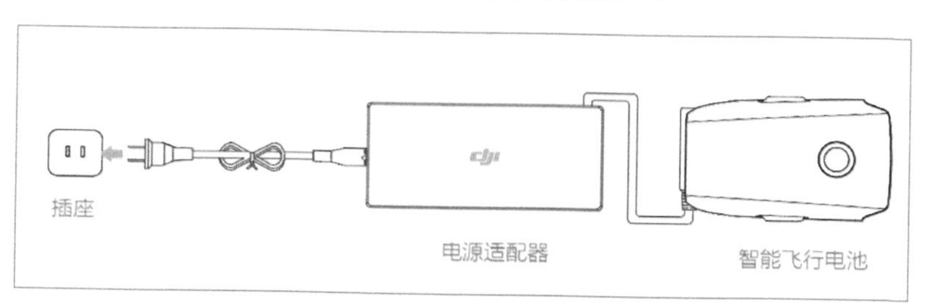

▲ 图 2-24　正确的充电方法

中国平安

第3章 无人机的验货、开机注意事项

学前提示

用户购买无人机后，要开箱验货、核对配件物品清单了，以免少了某些配件，导致后期购买也麻烦。用户还需要掌握正确的开机顺序，以及固件升级事项，在开始起飞前还需要熟悉相关的注意事项，提前规避炸机的风险。

3.1 你的机器是不是正品？验验才知道

用户需要掌握一定的验货技巧，这样才能确保我们收到的无人机的质量，比如无人机开箱检查、一一核对无人机配件与物品清单、检验与测试无人机的性能等方面，本节主要向读者介绍相关知识和技巧。

3.1.1 开箱验货，排除基本的安全隐患

当我们收到无人机后，开箱检查，如图 3-1 所示为“御”Mavic 2 专业版无人机，首先检查无人机的机身以及各配件的外观是否完整，有没有破损的现象。如果无人机或配件有损伤，一定要及时联系售后解决问题，我们千万不能带着有问题或破损的无人机飞行，这样会有很大的安全隐患。

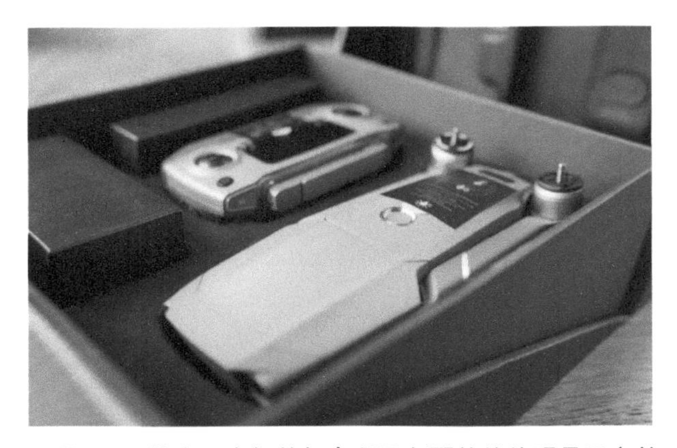

▲ 图 3-1 检查无人机的机身以及各配件的外观是否完整

3.1.2 核对物品清单，少一样都不划算

在购买无人机时，根据笔者的购买经验，用户在购买之前一定要熟知无人机有哪些物品清单，而且验货的时候要一一核对、验证，否则可能会出现配件缺少的情况，一个小配件可能不值多少钱，但专门再跑一趟购买，也是非常不划算的，所以验货的时候一定要仔细。在 2.2.2 小节中，已经详细介绍了无人机的配件物品清单，用户可以进行参照，这里不再重复介绍。

3.1.3 试飞无人机，检验性能是关键

检验与测试无人机的性能是验货的一个方面，主要包括无人机是否能正常起飞、测试电池的续航能力、抗风能力、低温检验等，如果用户自己还不会起飞无人机，可以请店家先验货试飞，然后你再根据店家的方法操作一次。下面对验货知识进行相关介绍。

检验一：是否能正常起飞

测试遥控的遥杆功能，将无人机上升至 5 米的高度，练习上升、下降、向前、向后、

向左、向右是否能正常飞行。

检验二：测试电池的续航能力

将无人机的电池充满电，然后进行试验，将无人机上升至 5 米的高度并悬停，准备一个秒表开始计时，当无人机自动下降时停止计时，记录的时间即为最长续航时间。

检验三：抗风能力

在不小于六级风的环境下，检验无人机是否能正常起飞、降落。

检验四：低温检验

将无人机放进环境试验箱中进行温度测试，将温度调为（−25±2）℃，试验的时间为 16 个小时，测试结束后在标准的大气条件下恢复 2 个小时，然后再试试无人机是否能进行正常的飞行工作。

3.2　第一次开机，你需要注意这些要点

首先，我们要检查无人机的状态，螺旋桨有没有装好，电池有没有卡紧；然后，我们要掌握无人机的开机顺序，先开飞行器还是先开遥控器呢？开机之后，有时候会提示用户固件需要升级，此时需要对固定进行升级操作，以便更安全地飞行无人机。本节主要介绍无人机的相关开机技巧，希望用户熟练掌握本节内容。

3.2.1　检查无人机状态，保证飞行的安全

无人机在起飞前，一定要检查无人机的各部分是否安全。比如，螺旋桨有没有装好，是否有松动或损坏等；电池有没有卡紧等情况，如图 3-2 所示。

▲ 图 3-2　检查无人机的各部分是否安全

飞行器一共有四个螺旋桨，如果只有三个卡紧了，有一个是松动的，那么飞行器在飞行的过程中很容易因为机身无法平衡，而造成炸机的结果。用户在安装螺旋桨的时候，一

定要安装正确，按逆顺逆顺的安装原则：迎风面高的桨在左边，是逆时针；迎风面低的桨在右边，是顺时针。

当我们将无人机放置在水平起飞位置后，应取下云台的保护罩，然后再按下无人机的电源按钮，开启无人机。在飞行之前，我们还要检查无人机的电量是否充足，亮几格灯表示剩余几格电量，如图 3-3 所示。

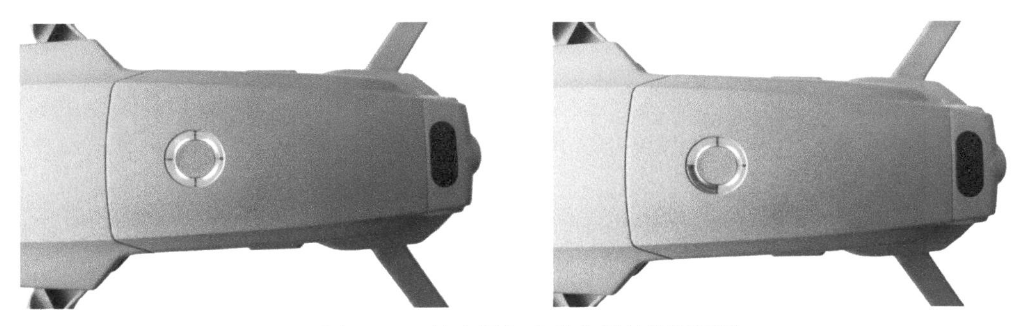

▲ 图 3-3　4 格电量与 3 格电量的亮灯显示

3.2.2　注意无人机与遥控器的开关机顺序

下面介绍开启无人机的顺序。

第一步：开启遥控器；

第二步：开启无人机；

第三步：运行 DJI GO 4 APP。

下面介绍关闭无人机的顺序。

第一步：关闭无人机；

第二步：关闭遥控器；

第三步：取下手机，断开连接。

其实，并没有严格意义上的开关机顺序，大疆官方的说明书中，是先开遥控器，再开无人机，这样的做法可以保证无人机的安全，不会让无人机连接到其他遥控器了。如果用户周围有很多大疆的无人机，此时用户先开无人机的话，有可能用户的无人机与别人家的遥控器连接起来了，这样你就无法控制无人机了。因为无人机开启后，会自动搜索遥控器，并与之匹配连接。

3.2.3　这才是固件升级最正确的操作方式

每隔一段时间，大疆都会对无人机系统进行升级操作，以修复系统漏洞，使无人机在空中更安全地飞行，在固件升级时，用户一定要保证有充足的电量，如果在升级过程中突然断电，可能会导致无人机系统崩溃的现象。每当开启无人机时，DJI GO 4 APP 都会进行系统版本的检测，界面上会显示相应的检测提示信息，如果系统的版本不是最新的，则界面会弹出提示信息，提示用户固件版本不一致，请用户刷新固件，如图 3-4 所示。从左向右滑动“滑动来刷新”按钮，此时该按钮呈绿色显示，如图 3-5 所示。

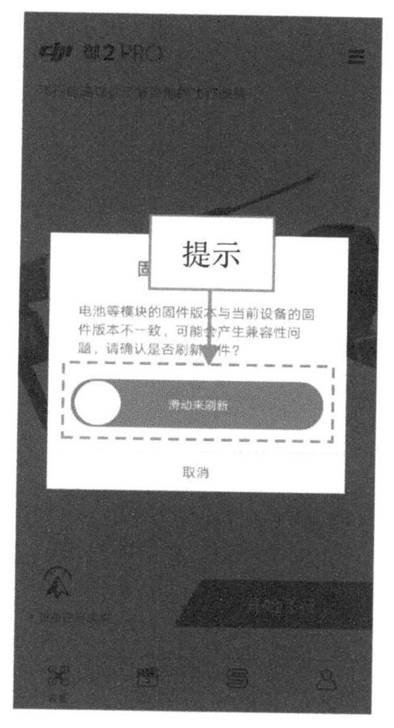

▲ 图 3-4　提示用户固件版本不一致

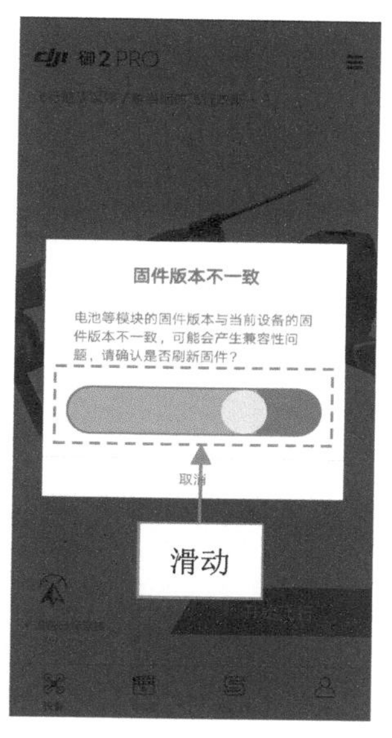

▲ 图 3-5　按钮呈绿色显示

稍后，界面上方显示固件正在升级中，并显示升级进度，如图 3-6 所示。点击升级进度信息，进入“固件升级”界面，其中显示了系统更新的日志信息，如图 3-7 所示。

▲ 图 3-6　显示升级进度

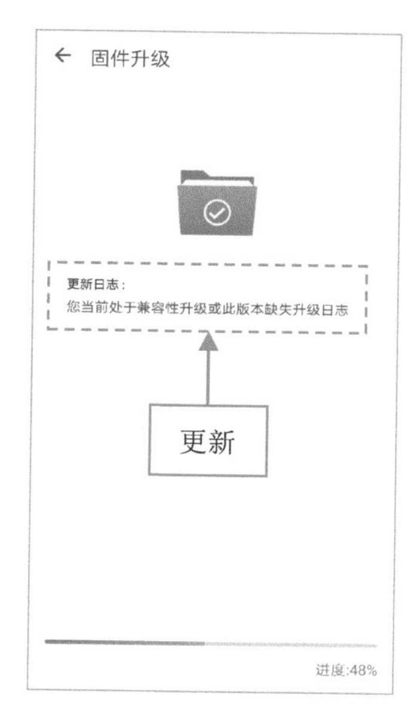

▲ 图 3-7　显示系统信息

待系统更新完成后，弹出提示信息框，提示用户升级已完成，请手动重启无人机，点击“确定”按钮，如图 3-8 所示；然后重新启动无人机，在手机屏幕中点击“完成”按钮，如图 3-9 所示，即可完成固件的升级操作。

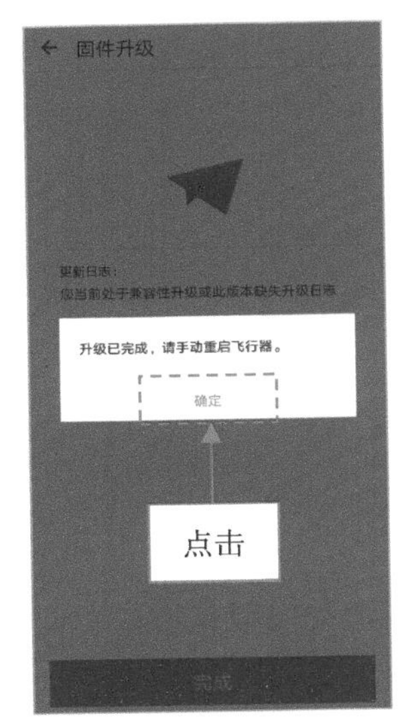

▲ 图 3-8 点击“确定”按钮

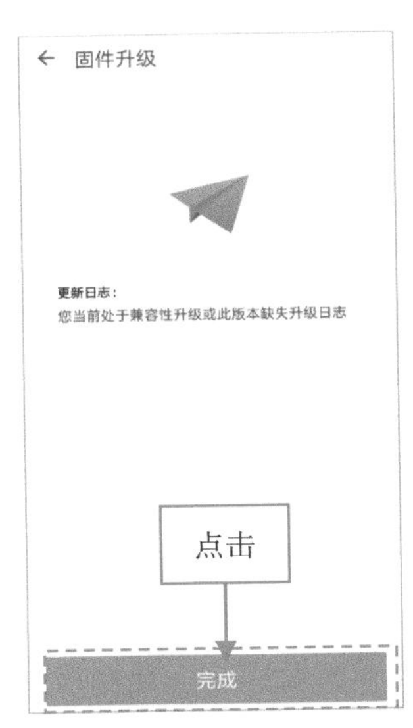

▲ 图 3-9 点击“完成”按钮

☆专家提醒☆

无人机一块电池只能飞行 30 分钟左右，所以电量特别珍贵，而固件升级是一个常态，经常需要更新和升级系统，而且非常消耗电量，因此建议用户每次外出拍摄前，先在家里开启一次无人机，检查系统需不需要升级，如果需要升级，则升级完成后，给电池充满电再外出拍摄。否则到了室外准备开机飞行时，发现固件需要升级，是一件非常头痛的事情，需消耗 20% ～ 30% 的电量，这样能够飞行拍摄的电量就少了。

3.3 注意这些，才能确保飞行的安全

飞行无人机的过程中，有许多的注意事项，如飞手与云台手的注意事项、地勤人员注意事项、升空注意事项以及降落注意事项等，用户在飞行之前，对这些注意事项要有一定的了解，以防患于未然，提早知道飞行中的各项安全隐患。

3.3.1 飞手与云台手的注意事项

有些无人机航拍（包括直升机和多旋翼航拍），是需要多人配合才能完成航拍工作的，这里涉及飞手与云台手的注意事项，下面分别进行说明：

（1）飞手与云台手要多配合联系，这样才能慢慢产生默契。

（2）云台手要认真观察，确认室外的 GPS 信号是否正常。

（3）云台手要保证遥控器的信号是否稳定，留意图传画面是否正常。

（4）云台手要时刻注意周围的环境，检查指南针是否出现异常情况。

（5）飞手和云台手都要时刻注意无人机飞行的高度、速度、距离，以及剩余的电池电量等信息。

（6）云台手要时刻与地勤人员进行联系和沟通，确认无人机与地面障碍物的安全距离，保证无人机有一个安全飞行的环境。

3.3.2 地勤人员注意事项

作为地勤人员，在航拍的过程中要注意以下相关事项：

（1）随时与飞手和云台手保持沟通，相互交流信息，并提供无人机的实时飞行信息。

（2）地勤人员要时刻关注无人机周围的环境，及时发现障碍物，规避飞行风险。

（3）无人机在空中飞行时，地勤人员要观察附近的空域是否安全，是否有其他无人机或不明动物飞行。

（4）地勤人员要时刻关注天空中的风速情况，并关注好天气情况，在下雨、下雪、下冰雹之前，要提前通知飞手与云台手收起无人机，结束飞行。

（5）地勤人员要为飞手与云台手提供一个安静的操作环境，如果周围有一些无关的人员，要及时提醒他们保持一定的距离，不能影响飞手与云台手。

3.3.3 无人机升空注意事项

用户在起飞无人机后，首先将无人机上升至 5 米的高度，然后悬停一会儿，试一试前、后、左、右各方向的飞行动作，检查无人机在飞行过程中是否顺畅、稳定，当用户觉得无人机各功能没问题后，再缓慢上升至天空中，以天空的视角来俯瞰大地，发现美景，如图 3-10 所示。在飞行的过程中，遥控器的天线与无人机的脚架要保持平行，而且天线与无人机之间不能有任何遮挡物，以免影响遥控器与无人机之间的信号传输。

▲ 图 3-10 以天空的视角来俯瞰大地

3.3.4 无人机返航 / 降落注意事项

无人机返航操作时，对于新手来说，都喜欢用“一键返航”功能，作者建议用户少用这个功能，因为“一键返航”功能也称为“一键放生”，如果用户的返航点没有及时刷新的话，那用户使用“一键返航”功能后，无人机可能就飞至最开始的起飞地点了。不过，如果用户及时刷新了返航点，那么使用“一键返航”功能还是比较实用的。

在无人机的降落过程中，一定要确认降落点是否安全，地面是否平整，时刻注意返航的电量情况，对于凹凸不平的地面或山区，是不适合无人机降落的，如图 3-11 所示，如果用户在这种不平整的地面降落无人机的话，可能会损坏无人机的螺旋桨。

▲ 图 3-11　凹凸不平的地面或山区

在无人机降落之前，一定要隔离地面无关的人员，选择人群较少的环境下降落，以免阻碍无人机的降落，或者伤到其他人员，不管是人受伤还是无人机受伤，都会给我们造成一定的损失，所以无人机的降落安全一定要重视。

第 4 章

飞行过程中突发事件应急处理

学前提示

当我们在飞行无人机的过程中，会遇到很多的突发事件，比如深夜飞行找不到无人机了、飞行中遇到海鸥突袭怎么办、突遇大风如何处理、GPS 信号丢失怎么办、图传信号丢失怎么办，对于新手来说会紧张、会不知所措，生怕炸机，那么本章将向用户介绍如何处理无人机飞行中的常见突发事件。

4.1 特殊环境，如何应对

在飞行无人机的过程中，最重要的就是飞行环境，在飞行环境相对安全的情况下，无人机的安全性也有所保障，那么哪些环境会影响无人机的飞行呢？比如深夜飞行，视线受阻，会找不到无人机在哪里；比如在空中飞行时，遇到海鸥突袭怎么办？比如飞行中遇到强风怎么办？下面分别对这些环境风险进行相关技巧性说明。

4.1.1 深夜飞行找不到无人机怎么办

如果用户在深夜飞行时找不到无人机了，也不要紧张，这里教用户一种方法，在 DJI GO 4 APP 飞行界面的左下角，点击地图预览框，如图 4-1 所示。

▲ 图 4-1 点击地图预览框

此时，会打开地图界面，可以看到红色飞机与用户目前的所在位置相差的距离，如图 4-2 所示，将红色飞机的箭头对准自己的方向，然后通过拨动遥杆的方向飞回来即可。

▲ 图 4-2 将红色飞机的箭头对准自己的方向

☆专家提醒☆

用户尽量不要在夜间飞行，虽然无人机在夜间飞行会有一闪一闪的灯，可帮助我们定位无人机在空中的位置，但因为夜间视线会严重受阻，光线也不好，我们很难看清楚天空中的情况。如果无人机飞到了电线上，指南针就会受干扰，无人机就会有炸机的风险。

如果天空中有其他的动物或者载人的民用飞机在飞行，也会引发相关的安全风险。还有，夜间飞行无人机的时候，由于光线过暗，无人机的避障功能会失效，无法识别前方的障碍，如果遇到高楼墙壁，可能也会直接撞上去。如果真炸机了，那就得不偿失了。

4.1.2　空中飞行遇海鸥突袭怎么办

无人机在空中飞行的时候，如果突然遇到了海鸥突袭，我们会听到海鸥的鸣叫声，这个时候千万不要慌张，海鸥不敢接近无人机的螺旋桨，只会在无人机的周围飞行，这个时候我们需要静下心来，慢慢将无人机往高空飞，这样海鸥就不会再追随了。

海鸥突袭无人机，是因为海鸥将低空视为自己的领地，将无人机当成了“敌人”，怕无人机抢了自己的食物，或者伤害鸟巢中的雏鸟，因此要保护自己的领地。所以，我们只要把无人机往高空飞一点，海鸥就不会再突袭无人机了。

4.1.3　飞行中突遇大风怎么办

当天气不太好，如遇到大风的时候，尽量不要飞行，以免大风把无人机直接刮走，因为天空中较强的气流容易造成机体的不稳定性，影响飞行器的平衡，容易炸机。

如果在飞行途中，突然遇到了大风或者比较恶劣的天气，用户应该尽快地下降飞行器，或者在低空中将其稳速、缓慢地飞回来，必要时用户可以选择一个相对安全的地点先降落，然后再前往相应的地点取回无人机。

4.2　信号失联，如何处理

当无人机的周围有一些电线杆、铁栏杆或者电视信号塔时，信号就会受到一定的干扰，当 GPS 信号丢失或图传信号中断了该怎么办？本节主要向读者介绍有关信号丢失的应急处理技巧。

4.2.1　飞行中 GPS 信号丢失怎么办

当 GPS 信号丢失或者 GPS 信号比较弱时，DJI GO 4 APP 界面左上角会提示用户“GPS 信号弱，已自动进入姿态模式，飞行器将不会悬停，请谨慎飞行”，当用户看到此类信息时，无人机已自动切换到姿态模式或者视觉定位模式，左上方的状态栏会显示无人机的飞行模式，如图 4-3 所示。飞行过程中，当无人机自动进入姿态模式或者视觉定位模式后，此时用户不要慌张，轻微调整遥杆，以保持无人机的稳定飞行，这个时候用户要尽快将无人机驶出干扰区域，或者在一个相对安全的环境中降落无人机，以免出现炸机的危险。

▲ 图 4-3　左上方的状态栏会显示无人机的飞行模式

4.2.2　拍摄时图传信号丢失怎么办

当用户将无人机驶入空中后，正准备拍摄照片或视频时，图传信号突然中断，手机屏幕上黑屏了，没有任何显示，这个时候我们应该怎么办呢？

不要着急拨动遥杆，首先应该观察无人机与遥控器的连接是否正常，如果遥控器指示灯为绿灯，则表示遥控器与无人机的连接是正常的，有可能是手机卡机了，导致 APP 闪退引起的黑屏和中断，用户可以重新启动 DJI GO 4 APP，查看图传信号是否已恢复，如果还没有恢复，此时可以通过遥控器触发无人机进行手动返航。

☆专家提醒☆

图传信号突然丢失，一般情况下是 APP 闪退引起的，笔者在飞行时也遇到过几次这样的情况，一般重新启动 APP，就恢复图传画面了。

4.2.3　遥控器信号中断了怎么办

在飞行的过程中，如果遥控器的信号中断了，这个时候千万不要去随意拨动遥杆，先观察一下遥控器的指示灯，如果指示灯显示为红色，则表示遥控器与无人机已中断，这个时候无人机会自动返航，用户只需要在原地等待无人机返回即可，调整好遥控器的天线，随时观察遥控器的信号是否与无人机已连接上。

当用户恢复遥控器与无人机的信号连接后，要找出信号中断的原因，观察周围的环境对无人机有哪些影响，以免下次再遇到这样的情况。

4.2.4　指南针受到干扰怎么办

无人机起飞之前，当指南针受到干扰后，DJI GO 4 APP 左上角的状态栏中会显示指南针异常的信息提示，而且会以红色显示，如图 4-4 所示，提示用户移动无人机或校准指南针。用户只需要按照界面提示重新校准指南针即可，这还是比较容易解决的问题。

▲ 图 4-4 显示指南针异常的信息提示

比较麻烦的情况是，当无人机在空中飞行的时候，状态栏提示指南针异常，这个时候飞行器为了减少干扰会自动切换到姿态模式，而无人机在空中飞行时会出现漂移的现象，此时用户千万不要慌乱，建议轻微地调整遥杆，保持无人机的稳定，然后尽快离开干扰区域，将无人机飞行到安全的环境中进行降落。

4.3 设备意外，如何解决

无人机在飞行过程中，有时候设备也会出现一些突发情况，比如返航时电量不足、无人机在空中失联、无人机炸机等，我们又该如何处理呢？本章主要介绍关于设备方面的应急处理技巧。

4.3.1 返航时电量不足怎么办

很多用户在飞行无人机的时候，没有关注无人机的电量使用情况，导致没有留出足够的电量来返航，当要返航的时候才发现已经没有足够的电量让无人机飞回来了，这个时候该怎么办呢？

此时，可以通过无人机先观察一下周围或地面的情况，边返航边降落，找到一个相对比较安全的环境降落无人机，然后通过查看飞行记录，找到无人机的降落位置，尽快地取回无人机，以免被其他人捡走了。

4.3.2 无人机在空中失联了怎么办

如果不知道无人机失联前在天空中的哪个位置，此时可以用手机打大疆官方的客服电话，通过客服的帮助寻回无人机。除了寻求客服的帮忙，我们还有什么办法可以寻回无人机呢？下面介绍一种特殊的位置寻回法，具体步骤如下：

Step 01 进入 DJI GO 4 APP 主界面，点击右上角的“设置”按钮☰，如图 4-5 所示。

Step 02 在弹出的列表框中，1 点击“找飞机”选项，如图 4-6 所示，在打开的地图中可以找到目前的飞机位置；2 还可以在该列表框中点击“飞行记录”选项。

▲ 图 4-5　点击“设置”按钮

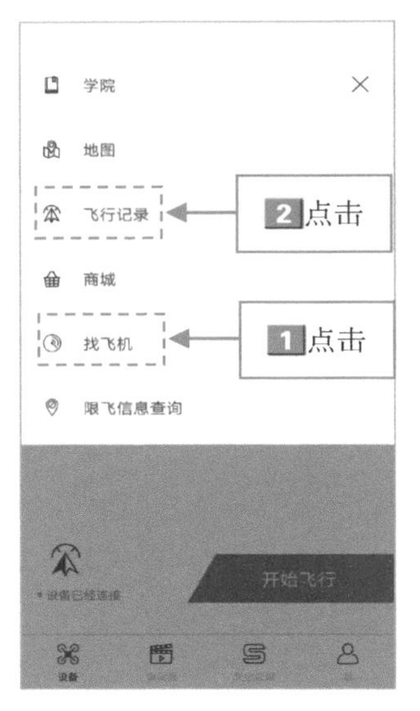

▲ 图 4-6　点击“飞行记录”选项

Step 03 进入个人中心界面，最下面有一个“记录列表”界面，如图 4-7 所示。

Step 04 从下往上滑动屏幕，点击最后一条飞行记录，如图 4-8 所示。

▲ 图 4-7　找到“记录列表”

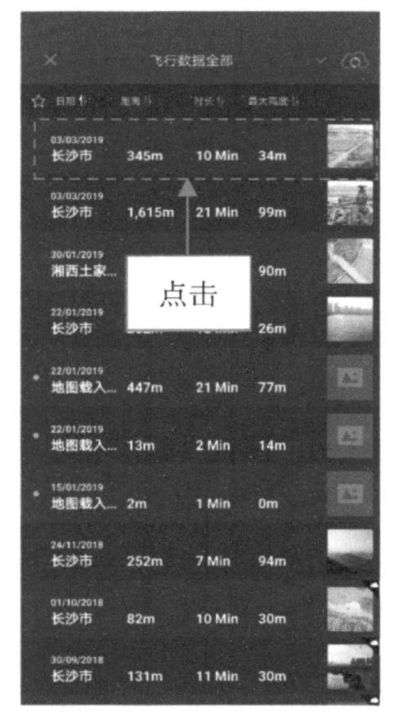

▲ 图 4-8　点击最后一条飞行记录

Step 05 在打开的地图界面中，可以查看无人机最后一条飞行记录，如图 4-9 所示。

Step 06 将界面最底端的滑块拖曳至右侧，可以查看到无人机最后飞行时刻的坐标值，如图 4-10 所示，通过这个坐标值，也可以找到无人机的大概位置。目前大部分的无人机坠机记录点的误差在 10 米以内，别人就算捡到了无人机，没有遥控器也是没用的。

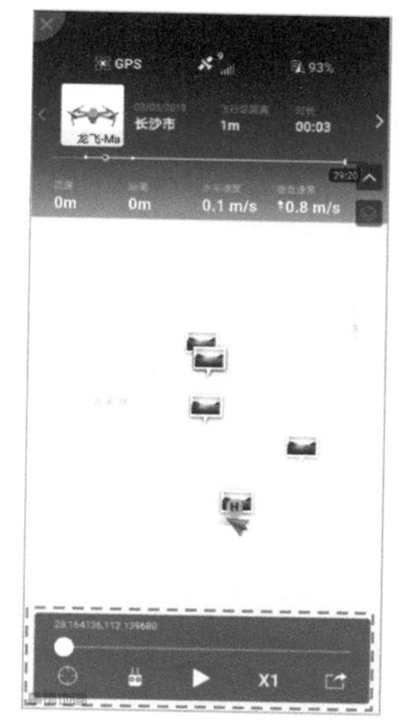

▲ 图 4-9　查看最后一条飞行记录

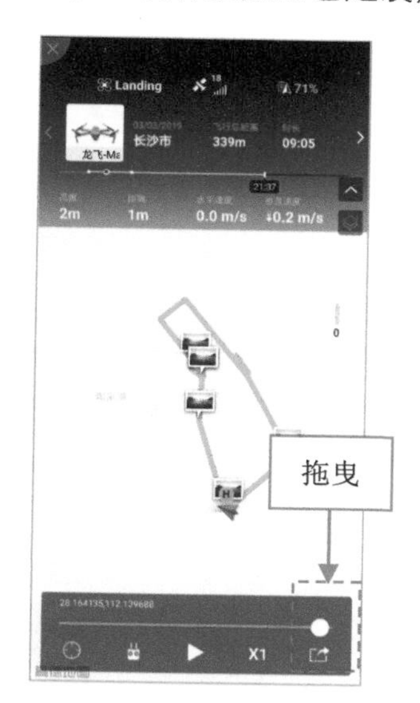

▲ 图 4-10　查看无人机最后飞行时刻的坐标值

☆专家提醒☆

无人机在飞行的过程中，由于飞得过高，或者受到周围环境的影响，导致信号受到干扰，从而引发无人机的失联。这个时候不要紧张，无人机丢失信号后，一般情况下会自动下降，用户可以想一想无人机大概在哪个位置，往那个方向慢慢地靠近，有时候信号增强就会恢复无人机的通信，这样也可以寻回无人机。

4.3.3　无人机炸机了，如何处理

大疆的无人机，从购买之日开始，保险的有效期是一年时间，这一年内如果出现炸机的情况，可以拿着摔坏的无人机找大疆换新机，但如果无人机掉进水里了，捞不着无人机的“尸体”了，那就无法找大疆换新机，因为大疆换新机的标准是以旧换新。

一年的保险过期后，就不能找大疆免费换新机了，如果无人机出现故障导致了炸机的情况，用户也需要支付一定的维修费用。不建议新手在水上飞行，因为无人机掉进水里很难再捞出来，等于需要重新购买一台新机。

中国太平

第5章 无人机适合在哪些环境中飞行

学前提示

飞行无人机之前，我们需要了解无人机适合在哪些环境中飞行，这样才能给无人机创造一个安全的飞行环境，减少炸机的风险。本章主要围绕飞行环境进行讲解，主要包括乡村、山区、水面、公园以及城市上空等，还可以通过手机APP工具查找有趣的拍摄点，及时掌握天气情况，拍摄出最美的航空照片。

5.1 无人机适合在哪些环境中飞行

本节主要介绍适合无人机飞行的七大环境，包括乡村、山区、水面、公园、城市上空、野生动物上空以及夜间等，并介绍了相关环境下飞行时的注意事项，希望读者熟练掌握。

5.1.1 乡村地区人少，房子也少

乡村的环境非常好，不仅安静，人也没有城市里那么多，相对来说飞行无人机的安全系数会高很多，但在乡村的上空，电线会比较多，这一点需要用户特别注意，一定要到远离电线杆的区域飞行，以免无人机的信号受到干扰，导致炸机。

在乡村飞行，最好选择一大片空旷的地方，这样的地方不仅人少、房子少、树木少，天上的电线也少，检查了四周的环境后，确定安全了再起飞，如图 5-1 所示。

▲ 图 5-1　乡村地区

☆专家提醒☆

在乡村地区，我们可以尽情地练习无人机的各种飞行动作，如直线飞行、曲线飞行、8 字飞行、倾斜飞行以及穿越飞行等，这些飞行动作要领在后面的章节中会有详细的介绍。

用户刚开始飞行无人机时，如果条件允许，尽量带一个朋友出行，朋友会是一个很好的"观察员"，他能帮你观察飞机在天空中的位置，以及周围的飞行环境是否安全等，这个"观察员"能在很大程度上消除你心里的紧张和担心，提高无人机飞行的安全性，这样可以让你更加放心地练习各种飞行动作。当你专心地看着手机屏幕飞行的时候，如果空中或四周突然出现危险的障碍物，这个"观察员"也会及时地提醒你，能给你带来很大的帮助。

我们在乡村航拍照片的时候，还要掌握光线这个重要的元素，摄影讲究光线的运用，如果想用无人机拍出好照片，那么需要找到最佳的光源和位置。比如，清晨的阳光就比较柔和，不至于过亮导致画面过曝，光线也不会很硬，如图 5-2 所示。

▲ 图 5-2　清晨的阳光就比较柔和

当我们清晨起来练习无人机时，围绕着乡村的晨雾也能很好地点缀画面，使乡村感觉在仙境一样，朦朦胧胧的效果极美，如图 5-3 所示。

▲ 图 5-3　清晨中的晨雾效果

5.1.2　山区拍摄的风景很美，场景震撼

山区的风景是非常美的，如果无人机运用得好，能拍出很多震撼的场景，获得惊人的视觉效果。图 5-4 所示为在山区拍摄的高山美景，延绵起伏的山脉给人一片绿色的生机，整个画面给人的感觉非常舒适。

☆专家提醒☆

用户在山区飞行时，建议带一块平整的板子，让无人机在板子上起飞，这样可以保证无人机的安全，因为山区的碎石和沙尘比较多，如果直接从沙地上起飞，会对无人机产生磨损。

▲ 图 5-4　在山区拍摄的高山美景

我们在山区飞行无人机时，有四大要点需要用户掌握，非常重要。

1. 注意人身安全

我们在山区航拍照片的时候，一定要注意安全，首先就是人身安全，每走一步都要小心，飞行无人机的时候尽量不要随意走动，走动的时候一定要看路，千万不能眼睛看着手机屏幕，而脚在走路，这样是非常不安全的。如果是不小心踏空摔在地上，那还好，只是身上、腿上破些皮，如果是摔下了悬崖，那就会有生命危险。

2. 注意 GPS 信号的稳定性

一般情况下，山区的 GPS 信号还是比较稳定的，主要是在无人机起飞的时候，容易出现 GPS 信号较难锁定的情况。比如用户在飞行的时候，贴着陡崖或者在峡谷中，就会导致 GPS 信号不稳定。所以，当用户选择无人机的起飞点时，可以向上看看天空，当天空被山体、建筑物或者树木等遮挡比例超过 40%，就会影响 GPS 信号的稳定性；当遮挡物比例超过 50%，GPS 信号就比较难锁定了。

3. 注意天气情况

山区的天气是不太稳定的，环境气候比较独特，而且气流也比较大，上升下降的气流混在一起，如果这时候无人机在空中飞行，就会摇摇晃晃，很难拍出稳定的画面。可以试想一下，我们在乘民航飞机的时候，如果遇到了强大的气流，也会摇摇晃晃，更何况是那么小的无人机，安全性更需要特别注意。

另外，山区的天气变化多端，时而下雨、时而下雪，还有可能下冰雹，这些恶劣的天气对无人机的飞行都会产生威胁，所以用户需要时刻注意天气情况。

4. 拍摄器材准备充分

我们爬到那么高的山上，拍摄山区的美景，需要一定的体力和时间，如果爬到山顶后，发现没带某些器材和设备，比如内存卡、电池等，那就非常遗憾了。所以上山之前，就一定要检查好必备的摄影器材，是否已准备充分，比如内存卡的容量够不够，要不要多带几个，电池充满了电没有、充电宝有没有带上等。准备充分，才能不浪费宝贵的时间。

5.1.3 水面拍摄建筑倒影，美不胜收

使用无人机沿水面飞行，可以拍摄出绝美的风光建筑倒影效果，这些美景都非常吸引我们。图 5-5 所示为在凤凰古镇沱江之上拍摄的古镇倒影效果。

▲ 图 5-5 凤凰古镇沱江之上拍摄的古镇倒影效果

日落黄昏时，也可以通过河面拍摄出山脉的倒影效果，有一种水墨画的风格，给人带来安静、祥和的感觉，如图 5-6 所示。

▲ 图 5-6 通过河面拍摄出山脉的倒影效果

虽然通过水面能拍出很多美丽的大片，但是我们还是要多了解一下水面拍摄的劣势，这样能帮助我们更安全地飞行。当我们使用无人机沿着水面飞行的时候，无人机的下视视觉系统会受到干扰，无法识别无人机与水面的距离，就算你的无人机有避障功能，当它在水面飞行的时候，由于水是透明的，无人机的感知系统也会受到影响，一不小心无人机就会飞进水里面去了，所以一定要让无人机在你的可视范围内，这样才好规避飞行风险。

☆专家提醒☆

一般情况下，不建议用户在水面进行拍摄，这样会给无人机的飞行带来安全隐患，如果一定要在水面飞行，建议飞得高一点。

5.1.4　公园空气清新，适合外拍取景

公园的风景也是非常美的，空气也很新鲜，非常适合外拍取景，如图 5-7 所示。

▲ 图 5-7　公园航拍

在公园中航拍时，请一定要注意，所在的公园是不是国家的重点保护区，能不能进行无人机的航拍，如果你没有得到允许就在该公园内飞行无人机，有可能会违反相关的法律条款。在大多数国家的自然保护区内，飞行无人机都是非法的，比如美国的所有公园内，都是禁止飞行无人机的，而华盛顿这个城市则是全城禁飞。另外，在节假日的时候，建议用户不要去公园航拍，因为此时游客非常多，容易妨碍别人，甚至伤到人。

5.1.5　在城市上空俯瞰大地

城市属于人口非常密集的区域，现在很多城市都是全城禁飞的，比如北京、广州等地区。如果用户想在城市上空飞行，一定要获得管理部门的拍摄许可，这个地方是否允许拍摄，不要以为你可以在街道中随意起飞，这种意识是错误的，如果没有得到相关部门的许

可就随意起飞了，那么有可能会受到制裁。

有一些城市的场所，也可能是私人拥有的，所以我们在城市上空航拍飞行之前，一定要先咨询相关的物业部门，得到许可后方能起飞，最好在大疆的官网上查一查你所要航拍的地点，是否属于禁飞区域。如果你拍摄的范围比较小，也没有什么特殊的，更不会对周围的人群造成干扰，那么这种情况下还是可以在公共区域进行自由航拍的。

我们在城市上空拍摄时，一定要与地面保持一定的距离，要远离街道和人群，这样才能提高飞行的安全性，如图 5-8 所示。

▲ 图 5-8　在城市上空航拍

5.1.6　夜间拍摄流光车影，灯火阑珊

夜间航拍光线会受到很大的影响，当无人机飞到空中的时候，你只看得到无人机的指示灯一闪一闪的，其他的什么也看不见。所以，建议大家尽量少在夜间拍摄。可能很多人觉得夜景很美，特别是城市中穿流的汽车和灯光，被美丽的夜景所吸引，那么你在夜间起飞航拍前，一定要在白天检查好这个拍摄地点上空是否有电线或者其他障碍物，以免造成无人机的坠毁，因为晚上的高空环境是你肉眼所看不见的。

对于大疆的精灵 3 和精灵 4 系列，还有“御”Mavic 2 专业版无人机，都能拍出很好的夜景效果。当我们在城市上空进行夜景拍摄时，一定要利用好周围的灯光效果，保持无人机平稳、慢速飞行，这样才能拍摄出清晰的夜景照片，如图 5-9 所示。

☆专家提醒☆

我们在夜间拍摄前，最好使无人机在空中停顿 5 秒再按下拍照键，因为夜间航拍本来光线就不太好，拍出来的画面噪点较多，如果在急速飞行的状态下拍摄照片，那么照片拍出来肯定是模糊不清的。

▲ 图 5-9 城市上空拍摄的夜景效果

无人机中有一种拍摄模式是专门用于夜景航拍的，是“纯净夜拍”模式，这种模式拍摄出来的夜景效果非常不错，相当于华为 P20 手机中的“超级夜景”模式，大家可以试一试。还有一种是夜景慢门拍摄，在繁华的大街上，拍出汽车的光影运动轨迹，如图 5-10 所示，主要是增长曝光时间，在第 7 章中会向用户进行详细介绍。

▲ 图 5-10 拍出汽车的光影运动轨迹

5.2 运用工具挑选有趣的拍摄点

除了上面介绍的七大飞行环境，用户还可以运用工具挑选出有趣的拍摄点，这里介绍三款手机APP工具，如谷歌地球、维奥地图以及全球潮汐等，可以帮助用户更好地进行航拍。

5.2.1 奥维互动地图 APP，寻找地点最方便

奥维互动地图是一款地图导航类的软件，该 APP 的功能十分强大，不仅可以搜索相应的景点与交通信息，还可以进行其他大范围的搜索，如搜索餐饮、娱乐、银行、住宿、购物、医院以及公园等信息，帮助用户一站式解决出行问题。下面介绍奥维互动地图的基本使用技巧。

Step01 打开应用商店，搜索“奥维互动地图”APP，如图 5-11 所示。

Step02 点击“奥维互动地图”右侧的“安装”按钮，开始安装 APP，如图 5-12 所示。

▲ 图 5-11 搜索“奥维互动地图”APP

▲ 图 5-12 安装“奥维互动地图”APP

Step03 安装完成后，打开“奥维互动地图”APP，进入欢迎界面，如图 5-13 所示。

Step04 稍等片刻，进入“奥维互动地图”主界面，如图 5-14 所示。

▲ 图 5-13 进入欢迎界面

▲ 图 5-14 进入 APP 主界面

Step05 点击界面上方的“搜索”按钮，进入“视野内搜索”界面，如图 5-15 所示，在

其中用户可以搜索有关餐饮、交通、娱乐、银行、住宿、购物以及生活等方面的资讯，涵盖用户的吃、住、行、游、购、娱等六大方面。

Step 06 点击“搜索栏”文本框，选择一种合适的输入法，在其中输入需要搜索的内容，1 输入“橘子洲头”，搜索橘子洲头的相关信息；2 点击“搜索”按钮，如图 5-16 所示。

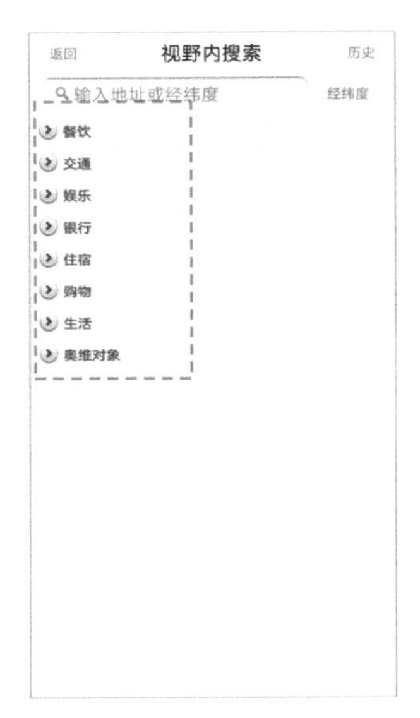

▲ 图 5-15　进入“视野内搜索”界面

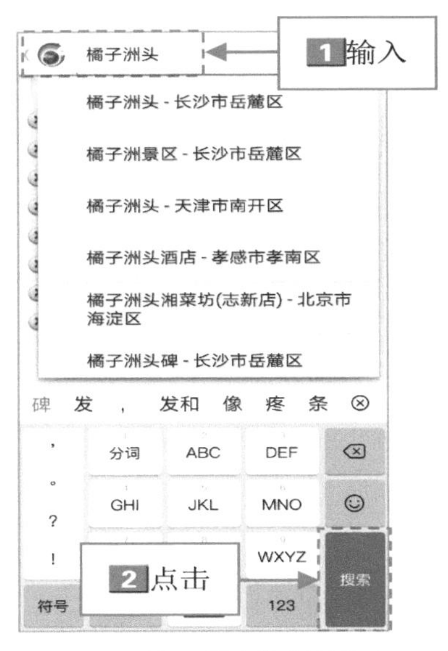

▲ 图 5-16　显示搜索的相关信息

Step 07 执行操作后，即可搜索到需要的景点信息，显示具体位置，如图 5-17 所示。

Step 08 用户点击界面上方的“路线”按钮，可以查看相应的路线信息，1 这里点击“步行”按钮；2 设置起点与终点位置；3 点击“搜索”按钮，如图 5-18 所示，即可搜索到相应的路线行程，跟着 APP 提供的路线行走，即可到达终点位置。

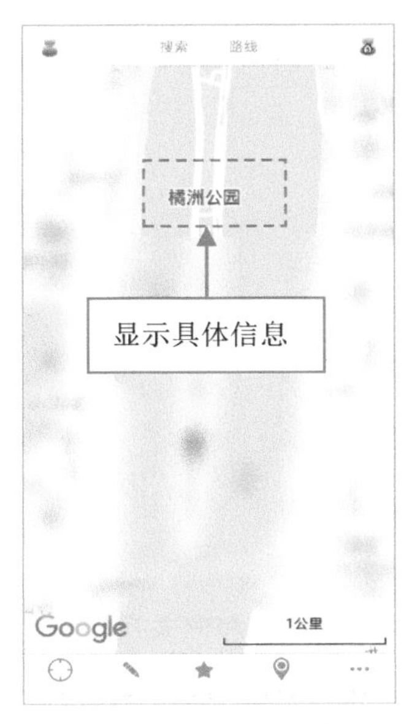

▲ 图 5-17　显示具体位置

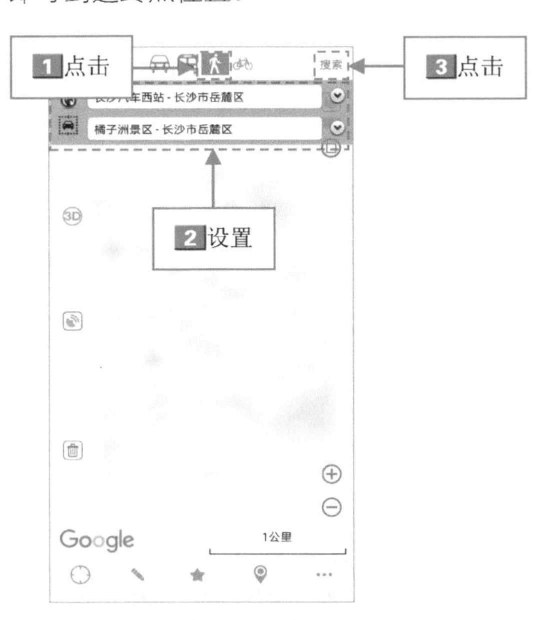

▲ 图 5-18　搜索路线信息

Step 09 点击“返回”按钮，返回主界面，点击“搜索”按钮，进入“视野内搜索”界面，点击“餐饮”选项下的“中餐”类别，如图 5-19 所示。

Step 10 执行操作后，即可搜索到景点附近有关的中餐店位置、电话与人均消费等信息，如图 5-20 所示，功能十分强大，可搜索的内容涉及用户出行的方方面面。

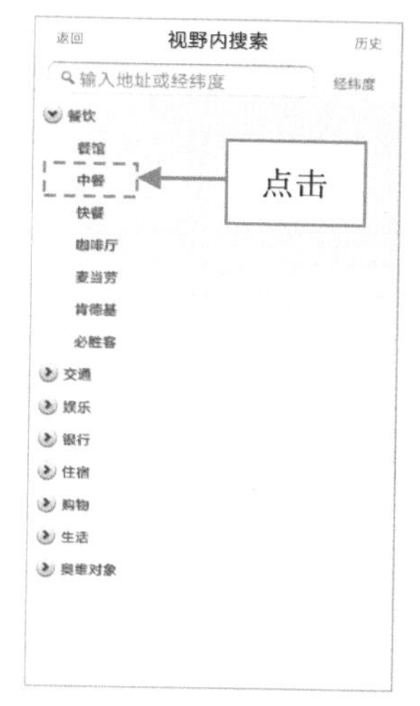

▲ 图 5-19　点击“中餐”类别

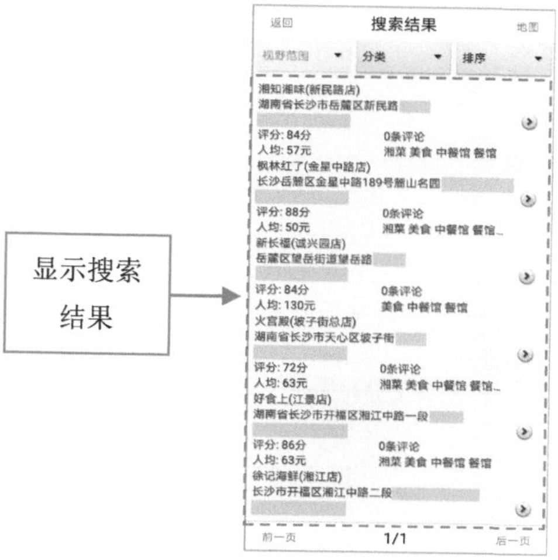

▲ 图 5-20　显示搜索到的中餐店

5.2.2　全球潮汐 APP，熟知日出日落时间

“全球潮汐”APP 可以使用户在地图上查看任意地点的潮汐、天气、日出以及日落等信息，用户在该 APP 中不仅可以查看每小时的天气预报，还可以查看未来 7 天内的每小时天气预报，可以对大潮、中潮、小潮进行预测，用户精确地掌握潮汐、日出与日落时间，有利于无人机的航拍摄影，拍出最美的沿海风光片，不轻易错过任何美景。

Step 01 打开应用商店，搜索“全球潮汐”APP，如图 5-21 所示。

Step 02 点击“全球潮汐”右侧的“安装”按钮，开始安装 APP，如图 5-22 所示。

▲ 图 5-21　搜索“全球潮汐”APP

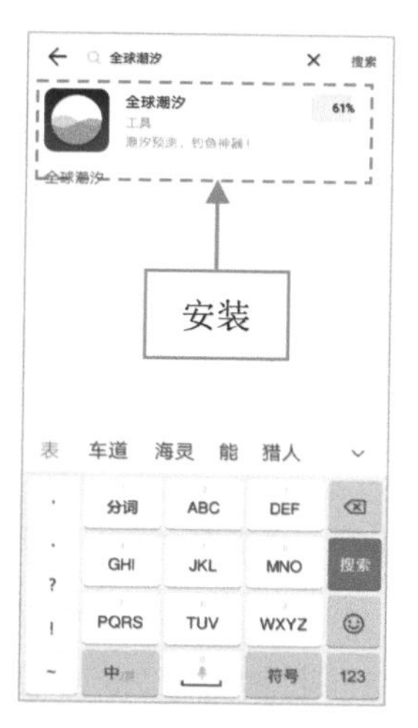

▲ 图 5-22　安装“全球潮汐”APP

Step 03 安装完成后，打开“全球潮汐”APP，进入欢迎界面，显示APP的“离线潮汐”功能，如图5-23所示。

Step 04 从右向左滑动屏幕，显示“全球潮汐”APP的天气与海浪信息，点击界面下方的“立即体验”按钮，如图5-24所示。

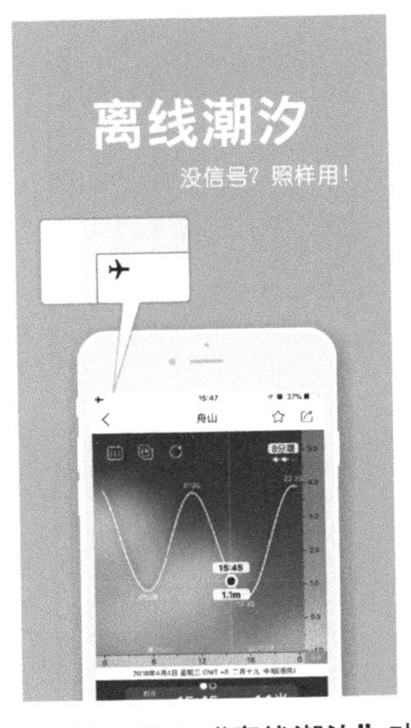

▲ 图5-23　显示“离线潮汐”功能

▲ 图5-24　点击“立即体验”按钮

Step 05 进入“全球潮汐”APP的地址位置界面，点击右上角的⊕按钮，如图5-25所示。

Step 06 进入APP地图界面，点击右上角的“搜索”按钮🔍，如图5-26所示。

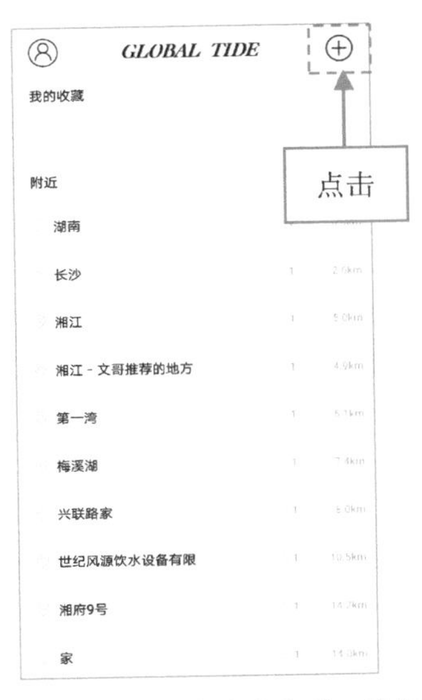

▲ 图5-25　点击右上角的⊕按钮

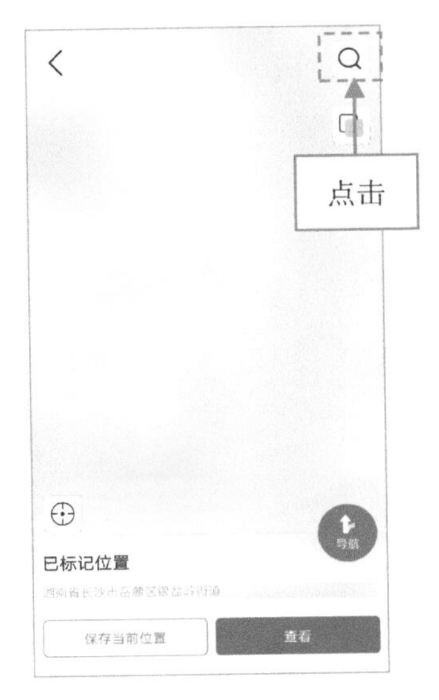

▲ 图5-26　点击“搜索”按钮

Step 07 进入搜索界面，输入需要搜索的地址位置，1 这里输入“深圳大梅沙”；2 在下方点击“大梅沙海滨公园”，如图5-27所示。

Step 08 **1** 即可搜索到“大梅沙海滨公园”；**2** 点击界面下方的“保存当前位置”按钮，如图 5-28 所示，方便用户日后随时查看该景点的气候信息。

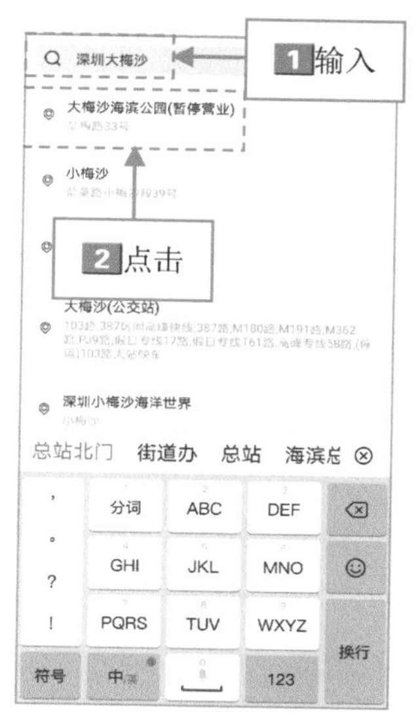

▲ 图 5-27　输入景点位置

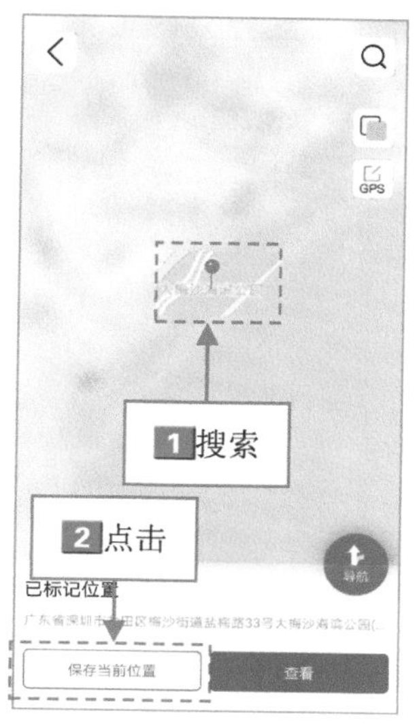

▲ 图 5-28　点击“保存当前位置”按钮

Step 09 界面自动跳转至登录界面，用户需要登录账户后，才可以保存当前位置，**1** 输入相应的邮箱地址和验证码；**2** 点击“登录”按钮，如图 5-29 所示。

Step 10 登录后，返回刚搜索到的地图界面，下方弹出相关面板，输入需要保存的相关信息，**1** 设置名称为“大梅沙公园”；**2** 点击“完成创建”按钮，如图 5-30 所示。

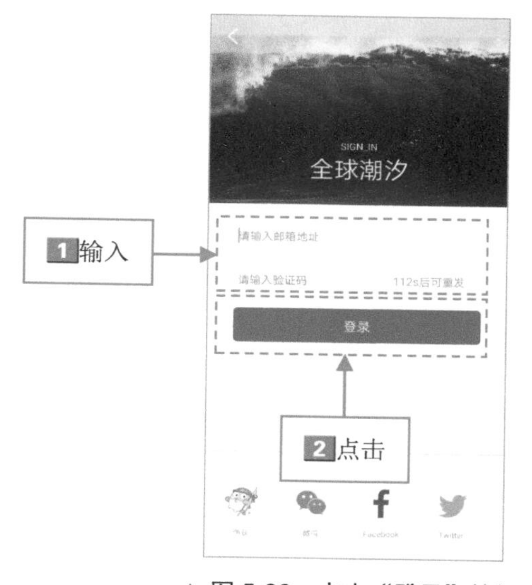

▲ 图 5-29　点击“登录”按钮

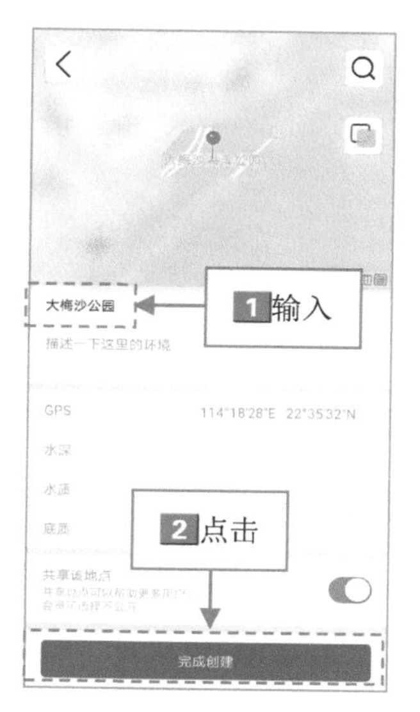

▲ 图 5-30　点击“完成创建”按钮

Step 11 创建完成后，在地图界面点击下方的“查看”按钮，进入“大梅沙公园”界面，在其中可以查看大梅沙公园的日出与日落时间，以及浪潮的时间和高度，如图 5-31 所示。

Step 12 从右向左滑动屏幕，可以查看大梅沙公园的每小时天气预报，从下往上滑动屏幕，可以查看未来 7 天的小时天气预报资讯，如图 5-32 所示。

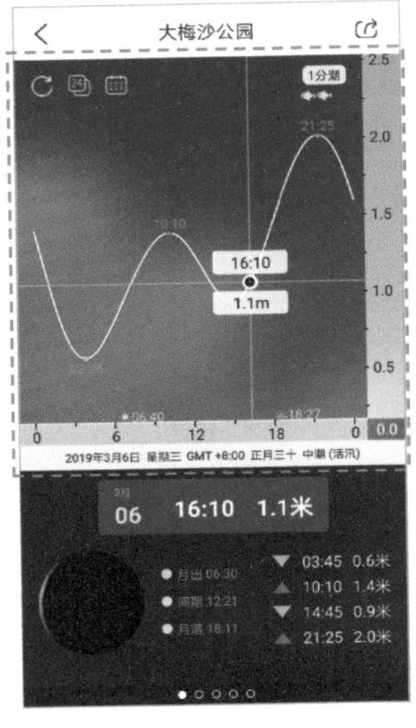

▲ 图 5-31 查看浪潮信息

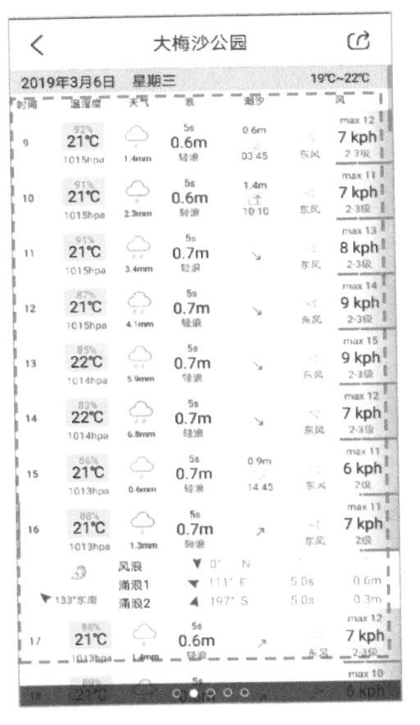

▲ 图 5-32 查看天气信息

Step 13 从右向左滑动屏幕，显示大梅沙公园的气候信息，如体感温度、风速、浪高、潮高以及水温等，如图 5-33 所示，用户可以精确地掌握当时天气情况，方便用户的出行。

Step 14 从右向左滑动屏幕，可以查看日历，其中显示了大梅沙公园的浪潮信息，如中潮、大潮、小潮等信息，如图 5-34 所示，如果用户要去沿海地区航拍或旅行，“全球潮汐”APP 都能给予用户帮助，及时了解当地天气，让用户更好地规划航拍行程。

▲ 图 5-33 查看气候信息

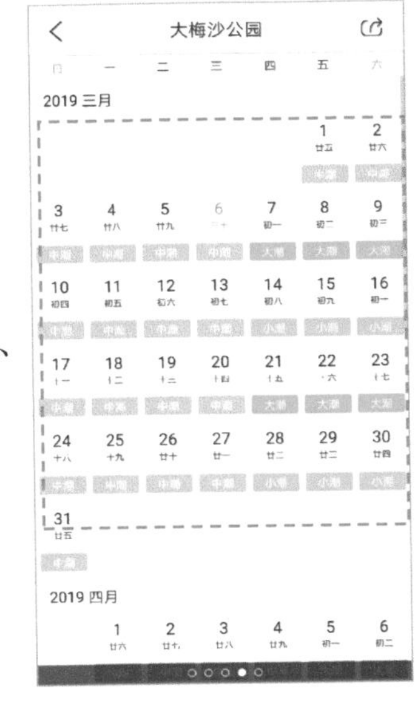

▲ 图 5-34 查看浪潮信息

5.3 高频炸机，这些环境要特别小心

飞行无人机的过程中，环境不佳也是高频炸机的因素，所以我们要熟知哪些环境下不适合飞行无人机，一定要选择安全的飞行环境，以免出现无人机坠毁或倾翻的情况。

5.3.1 机场和机场附近

如果用户不小心将无人机飞到了载人飞机的飞行区域，就会有安全风险，会威胁到载人飞机上的乘客安全。所以，我们不能在机场或机场附近飞行。无人机在空中飞行的时候，不能影响航线上正在飞行的大型载人飞机，以免造成安全隐患。

5.3.2 高楼林立的 CBD，影响无人机信号

无人机在室外飞行的时候，基本是靠 GPS 进行卫星定位，然后配合各种传感器从而在空中安全地飞行，但在各种高楼林立的 CBD 中，玻璃幕墙会影响无人机对于信号的接收，如图 5-35 所示，会影响空中飞行的稳定性，使无人机出现乱飞、乱撞的情况，而且这些高楼中有很多的 Wifi，这对无人机的控制也会造成干扰，所以建议大家尽量找一个空旷的地方起飞，不要在高楼之间穿梭飞行，实在不安全，遥控器经常会提示信号弱。

▲ 图 5-35　高楼林立的 CBD 对无人机的飞行有安全隐患

5.3.3 四周有铁栏杆和信号塔，会让指南针受干扰

无人机起飞的四周有铁栏杆，也会对无人机的信号和指南针造成干扰，如图 5-36 所示。

▲ 图 5-36　无人机起飞的四周有铁栏杆

5.3.4　有高压线的地方，信号受干扰，容易炸机

有高压线的地方，也不适合飞行，这个地方非常危险，如图 5-37 所示，高压电线对无人机产生的电磁干扰非常严重，而且离电线的距离越近，信号干扰就越大，所以我们在拍摄的时候，尽量不要到有高压线的地方去飞行。

▲ 图 5-37　高压线的地方不适合飞行

☆专家提醒☆

无人机在空中飞行的时候，我们通过图传画面是很难发现高压电线的，只能自己抬头凭着肉眼去看，电线一般不会太高，这一点在起飞时就要特别注意。

5.3.5　放风筝的地方，容易让电机和螺旋桨受伤

我们不能在放风筝的区域飞行无人机，如图 5-38 所示，风筝是无人机的天敌，为什么这么说呢？因为风筝都有一条长长的放飞线，而无人机在天上飞的时候，我们通过图传屏幕根本看不清这根线，而如果无人机在飞行中碰到了这条线，那么电机和螺旋桨就会被这根线绞住，影响无人机在飞行中的稳定性，会使无人机的双桨无法平衡，严重一点的话，电机会被直接锁死，后果是直接炸机。

▲ 图 5-38　不能在放风筝的区域飞行无人机

☆专家提醒☆

无人机的飞行要远离人群，不能在人群聚集的地方飞，更不能在人群的头顶上飞行，这是为了避免伤及他人。

5.3.6　室内无 GPS 信号的场所，容易撞到物件

在室内飞行无人机，需要具有一定的水平，因为室内基本没有 GPS 信号，无人机是依靠光线进行视觉定位，用的是姿态飞行模式，在飞行中偶尔会有不稳定感，稍有不慎就有可能出现无人机撞到物件的情况。所以，不建议用户在室内飞行。

拍摄地点：舟山枸杞岛
拍摄时间：夏日傍晚18时54分
光圈：f/2.8
快门速度：1/8s
ISO：100
焦距9mm
摄影师：赵高翔

第二篇

摄影实战篇

第6章

掌握无人机摄影的航拍取景法

学前提示

航拍取景也可称之为“构图”，其含义是：在摄影创作过程中，在有限的或被限定了平面的空间里，借助摄影者的技术、技巧和造型手段，合理安排所见画面上各个元素的位置，把各个元素结合并有序地组织起来，形成一个具有特定结构的画面。本章主要介绍无人机摄影的航拍取景技巧，帮助大家拍出震撼的航空照片。

6.1 构图取景，这三个角度很重要

在摄影中，不论我们是用无人机，或是相机，选择不同的拍摄角度拍摄同一个物体的时候，得到的照片区别也是非常大的。不同的拍摄角度会带来不同的感受，并且选择不同的视点可以将普通的被摄对象以更新鲜、别致的方式展示出来。本节主要介绍构图取景的三个常用角度，即平视、仰视和俯视。

6.1.1 平视：展现画面的真实细节

平视是指在用无人机拍摄时，平行取景，取景镜头与拍摄物体高度一致，这样可以展现画面的真实细节。图 6-1 是在江南神仙居航拍的高山照片，平视拍摄照片可以使山体的细节更加明显，也显得非常有质感。

▲ 图 6-1 江南神仙居航拍的高山照片（摄影师：赵高翔）

☆专家提醒☆

平视斜面构图可以规避一些缺陷，如拍摄雕像时，个别人物的眼睛大小不一样，在这种情况下可以使用左斜面式构图、右斜面式构图等来扬长避短，使缺陷得到适当的修饰。使用平视斜面构图拍摄建筑一角，可以展现出很强烈的立体空间感。

6.1.2 仰视：强调高度和视觉透视感

在日常航拍摄影中，抬高相机镜头拍的，我们都可以理解成仰拍，仰拍的角度不一样，拍摄出来的效果自然不同，只有耐心和多拍，才能拍出不一样的照片效果。仰拍会让画面中的主体散发出高耸、庄严、伟大的感觉，同时展现出视觉透视感。

图 6-2 是使用无人机向前飞行中航拍的摩天轮效果，以树枝为前景进行衬托，体现出了摩天轮的高大，令人向往。

▲ 图 6-2　使用无人机向前飞行中航拍的摩天轮效果

6.1.3　俯视：体现纵深感和层次感

俯视简而言之就是要选择一个比主体更高的拍摄位置，主体所在平面与摄影者所在平面形成一个相对大的夹角。俯角度构图法拍摄地点的高度较高，拍出来的照片视角广，可以很好地体现画面的透视感、纵深感和层次感，如图 6-3 所示。

▲ 图 6-3　俯视航拍的效果

俯拍有利于记录宽广的场面，表现宏伟气势，有着明显的纵深效果和丰富的景物层次，俯拍角度的变化，照片带来的感受也是有很大区别的。俯拍时相机的位置远高于被摄体，在这个角度，被摄体在相机下方，画面透视变化很大。

6.2 掌握两个点，分清画面主次关系

无人机航拍构图和传统的摄影艺术是一样的，照片所需要的要素都相同，包括主体、陪体、环境等，如同人体一般，“两只眼睛一个鼻子一张嘴巴”才有整体的美观度，少了就显得空缺。本节主要介绍画面中主体与陪体的构图技巧。

6.2.1 主体：主要强调的对象

主体就是照片拍摄的对象，可以是建筑或者风景，是主要强调的对象，主题也应是围绕主体转。主体是反映内容与主题的主要载体，也是画面构图的重心或中心。主体是主题的延伸，陪体是和主体相伴而行的，背景是位于主体之后的，交代环境的。三者是相互呼应和关联的，摄影中主体和陪体有机地联系在一起，背景不是孤立的，而是和主体相得益彰。下面介绍几种有关主体构图的航拍技巧。

1. 直接突出主体的航拍手法

如图 6-4 所示的照片是在浙江嘉兴九龙山航拍的，当时无人机飞得比较高，能将整个小岛的形状都拍摄出来，这个小岛就是画面的主体。此图采用了主体构图的技法，以直接突出主题小岛的方式进行拍摄，岛屿占了画面的中心位置，一眼就能看出来照片所强调的主体，每个观众都能一眼辨认出照片的主体。

▲ 图 6-4 直接突出主体的航拍手法

直接明了地突出主体，这种航拍手法非常简单，适合航拍摄影初学的人，画面没有其他元素的干扰，主体突出。

☆专家提醒☆

航拍初学者很容易犯的一个细节毛病，就是希望镜头能拍下很多的内容，其实有经验的航拍摄影师刚好相反，希望镜头拍摄的对象越少越好，因为对象越少主体会越突出。

2. 间接突出主体的航拍手法

间接表现出主体是透过环境来渲染和衬托主体，主体不一定要占据画面很大的面积，但也要突出，占据画面中关键的位置即可。

如图 6-5 所示，图中的主体是灵山大佛，这张照片并不像上一张照片中的主体那么大，而是占据的画面比较小，周围都是绿色的一片山林，环境优美，令人向往。延绵起伏的山林，在照片中起到了烘托主体的作用，让主体更加有美感，也更好地渲染了拍摄的气氛。灵山大佛与山峰，相互映衬，锦上添花。

▲ 图 6-5　间接突出主体的航拍手法

☆专家提醒☆

摄影如做人，有时我们可能会直接表扬某个人的优点，直接进行说明；而有时我们可能会用他周围的一些事情，来衬托他的优点，即间接衬托式。

6.2.2　陪体：让主体更加有美感

陪体就是在画面中对主体起到突出与烘托作用的对象，好比电影中的配角。所谓的“红花配绿叶”也是这个道理，陪体对主体作用非常大，可以丰富画面展示主体，衬托主体。

如图 6-6 所示，照片中的主体是小山峰，后面延绵起伏的山脉是陪体，在背景中衬托主体，使主体更加突出，富有立体感，整个画面像人间仙境一样。大家可以试想一下，如果画面背景中没有这一片浅蓝色的山脉陪衬，整个画面就不会这么有吸引力和美感了。

▲ 图 6-6 陪体可以使主体更加突出

6.3 画面元素，合理组合拍出精美大片

大家都知道，马步是练功的基本功。其实，构图也是摄影的基本功。那么，构图的基本内核又是什么呢？它们是点、线、面。一张好的照片，一定是某点、某线或某面的完美组合。其实，只要选择好的元素进行组合，就能够拍出大片。本节主要对航拍摄影的基础元素进行讲解，希望读者能熟练掌握本节内容。

6.3.1 点构图：可以很快找到主体

点是所有画面的基础。在摄影中，它可以是画面中真实的一个点，也可以是一个面，画面中很小的对象就可以称之为点。在照片中，点所在的位置直接影响画面的视觉效果，并带来不同的心理感受。如果我们的无人机飞得很高，俯拍地面景色时，就会出现很多重复的点对象，这些就可以称为多点构图。

我们在拍摄多个主体时可以用到这种构图方式，这样航拍的照片往往都可以体现多个主体，用这种方法构图可以完整地记录所有的主体。

如图 6-7 所示为以单点构图的方式航拍的油菜花景区照片，在整片黄色的油菜花下，最中间有一个红色的点，一个热气球，这个“红色”装点了整个画面，展现了强烈的画面对比效果。

如图 6-8 所示为以多点构图方式航拍的水库照片，一棵棵小树在照片中变成了一个个的小点，以多点的方式呈现，欣赏者能很快地找到主体。

▲ 图 6-7　单点构图的照片效果

▲ 图 6-8　以多点构图方式航拍的水库照片

6.3.2　线构图：划分画面的结构

使用无人机航拍照片时需要注意，线构图法中有很多种不同的种类，如斜线、对角线、透视线等，以及有形线条、无形线条等，但是他们有个共同特点，就是以线为构图原则。有形线条包括各种物体的轮廓线、影调之间的分界线等。它是直观、可视化的，可以让人们更好地把握不同物体的形象。

如图 6-9 所示为航拍的立交桥夜景照片，画面中利用明暗对比，将线条通过灯光的形式来展现，可以使桥梁更加突出，道路两侧的黄色灯光也形成了多条曲线线条，装点着整个城市的夜景。

▲ 图 6-9　航拍的立交桥夜景照片

☆专家提醒☆

线既可以是在画面中真实表现出来的实线，也可以是用实线连接起来的“虚拟的线”，还可以是使足够多的点以一定的方向集合在一起产生的线。线的表现形式也是多种多样的，比如说直线、圆线等。其实，构图中的线也包括斜线或者曲线，它们通过不同的组成线条，构成了极强的视觉效果。

如果用户想深入学习航拍构图技法，学习如何拍出震撼的风光照片，这里介绍一个很有含金量的公众号：手机摄影构图大全，里面有 1000 多种构图技法，可以学后灵活应用。

6.4　这六种构图，快速拍出精彩大片

一张好的航拍照片离不开好的构图，在对焦、曝光都正确的情况下，画面的构图往往会让一张照片脱颖而出，好的构图能让你的航拍作品吸引观众的眼球，与之产生思想上的共鸣，足以见得在无人机的航拍摄影中，构图对整个画面的重要性。本节主要介绍航拍中常用的六种构图取景技巧，希望读者能熟练掌握本节内容。

6.4.1　斜线构图

画面中斜线的纵向延伸可加强画面深远的透视效果，斜线构图的不稳定性使画面富有新意，给人以独特的视觉感受。利用斜线构图可以使画面产生三维的空间效果，增强画面立体感，使画面充满动感与活力，且富有韵律感和节奏感。斜线构图是非常基本的构图方式，在拍摄轨道、山脉、植物、沿海等风景时，就可以采用斜线构图的航拍手法。

图 6-10 是以斜线构图航拍的大桥照片，采用斜线式的构图手法，以倾斜的大桥和海面的边缘分界线作为构图线，可以体现大桥的方向感和运动感。

在航拍摄影中，斜线构图是一种使用频率颇高，而且也颇为实用的构图方法，能吸引欣赏者的目光，具有很强的视线导向性。

▲ 图 6-10　采用斜线构图航拍的大桥照片

图 6-11 是在长沙橘子洲大桥航拍的照片，斜线式的构图使画面极具延伸感。

▲ 图 6-11　长沙橘子洲大桥航拍的照片

图 6-12 是在海边航拍的轮船照片，斜线式的构图增强了轮船的立体感。

▲ 图 6-12　海边航拍的轮船照片

6.4.2 曲线构图

曲线构图是指摄影师抓住拍摄对象的特殊形态特点，在拍摄时采用特殊的拍摄角度和手法，将物体以类似曲线般的造型呈现在画面中。曲线构图的表现手法常用于拍摄风光、道路以及江河湖海的题材。在航拍构图手法中，C 形曲线和 S 形曲线运用得比较多。

1. C 形曲线的航拍手法

C 形构图是一种曲线型构图手法，拍摄对象类似 C 形，体现一种女性的柔美感、流畅感、流动感，常用来航拍弯曲的建筑、马路、岛屿以及沿海风光等大片。

图 6-13 是在湖州月亮酒店航拍的照片，整个酒店的外形呈 C 形，加上灯光的装饰，整个酒店给人一种非常幻梦、柔美的感觉，拍出来的景色也非常吸引人。

▲ 图 6-13　湖州月亮酒店航拍的 C 形构图照片

2. S 形曲线的航拍手法

S 形构图是 C 形构图的强化版，表现富有曲线美的景物，如自然界中的河流、小溪、山路、小径、深夜马路上蜿蜒的路灯或车队等，有一种悠远感或物体的蔓延感。

S 形构图是一种经典的构图方式，画面上的景物呈现 S 形曲线的方式分布，具有延长、变化的特点，使画面看上去有韵律感。

图 6-14 是在长沙西湖公园航拍的照片，俯瞰公园景色呈 S 形曲线状，公园中的小径也呈 S 形，整个画面的形态显得非常优美，颜色对比也比较强烈，有锦上添花的效果。

▲ 图 6-14　长沙西湖公园航拍的 S 形曲线公路

曲线构图的关键在于对拍摄对象形态的选取。自然界中的拍摄对象拥有无数种不同的曲线造型，他们的弧度、范围和走向各异，但它们具有优美和视觉延伸感的共同特点，尤其是蜿蜒的曲线，能在不知不觉中引导观赏者的视线随曲线的走向而移动。

如图 6-15 所示的航拍照片属于多条曲线型构图，梯田和山路蜿蜒，犹如一条长长的龙。

▲ 图 6-15　曲线型构图的梯田和山路蜿蜒（摄影师：赵高翔）

图 6-16 所示的照片是在城市上空航拍的，也运用了曲线型构图手法。

▲ 图 6-16　城市上空航拍的曲线型构图照片（摄影师：赵高翔）

6.4.3 圆形构图

采用圆形构图拍摄，可以更直接地表达主题，也更容易拍摄出引人关注的图像。圆形构图有着强大的向心力，把圆心放在视觉的中央，圆心就是视觉中心。

图 6-17 是在巴里卡萨岛上空航拍的照片，整个岛屿呈椭圆形状，第一层是最中心的岛屿，第二层是周围的海滩，有一种圆形的渐变色。

椭圆形相对于正圆，或许没有那么规整，但是合理地运用椭圆形构图法，可以让照片更具活力和表现力。

▲ 图 6-17　巴里卡萨岛上空航拍的照片（摄影师：赵高翔）

☆专家提醒☆

选择圆形构图法是因为圆形是所有形状中最和谐的，圆形没有棱角，看起来令人觉得舒服，这也是该构图法的最大优势。

图 6-18 是在福建土楼航拍的古建筑照片，多个圆形构图使主体更加突出。

▲ 图 6-18　在福建土楼航拍的古建筑照片（摄影师：赵高翔）

图 6-19 是在上海梅赛德斯奔驰文化中心航拍的照片，建筑的外形呈椭圆状，富有艺术感。

▲ 图 6-19　上海梅赛德斯奔驰文化中心航拍的照片

6.4.4 三分线构图

三分线构图顾名思义就是将画面横向或纵向分为三部分，这是一种非常经典的构图方法，是很多摄影师偏爱的一种构图方式。将画面一分为三，非常符合人的审美。常用的三分线构图法有两种：一种是横向三分线构图；另一种是纵向三分线构图。下面进行简单的介绍。

1. 横向三分线构图的航拍手法

图 6-20 是在上海广富林遗址航拍的一张照片，如果将三分线再细分一下，这就是一张上三分线的构图画面。

天空和天边的云彩占了画面的三分之一，而天空下方的遗址是整个画面的主体，占了画面的三分之二，这样不仅突出了天空的纯净色彩，而且还体现了遗址的辽阔感，给人非常美和梦幻的视觉感受。

▲ 图 6-20 上海广富林遗址航拍的一张三分线构图的照片

图 6-21 是在城市上空航拍的照片，整个城市占了画面的三分之二，很有辽阔感。

▲ 图 6-21　城市上空采用三分线构图航拍的照片

图 6-22 是在乡村上空航拍的照片，三分线的构图手法具有极佳的视觉效果。

▲ 图 6-22　乡村上空采用三分线构图航拍的照片

2. 纵向三分线构图的航拍手法

纵向三分线构图的航拍手法是指将主体或辅体放在画面中左侧或右侧三分之一的位置，从而突出主体。如果单条的垂直线置于画面的中央为竖中央线构图，将单垂直线放在画面的三分线位置上，可以使构图更加美观，视觉冲击力更强。

图 6-23 是在城市上空航拍的建筑照片，由于建筑比较高，上空的云层清晰可见，感觉像进入仙境一样，让人觉得这是一个无比陶醉的地方，视野很开阔。

图中采用了纵向三分线的构图航拍手法，将主体建筑置于画面的左侧，云层占了画面的三分之一，城市占了画面的三分之二，色感也很舒服。

▲ 图 6-23　城市上空采用纵向三分线航拍的照片

在航拍的过程中，用户还可以采用纵向双三分线的拍摄手法，画面中有两条垂直的直线将画面三等分，让每部分看起来都相互呼应。

6.4.5 水平线构图

水平线构图给人的感觉辽阔、平静。水平线构图法是以一条水平线来进行构图，这种构图需要前期多看、多琢磨，寻找一个好的拍摄地点进行拍摄，这种构图方式对于摄影师的画面感有比较高的要求，往往需要比较丰富的经验才可以拍出一张理想的照片，这种构图法更加适合航拍风光大片。

图 6-24 是在海边航拍的照片，以海水和天空分界线为水平线，将主体放在了水平线下半部分，天空和云彩共同占据了画面的上半部分，海面与沙滩人群占了画面的下半部分。

水平线构图可以很好地表现出物体的对称性，具有稳定感、对称感。一般情况下，摄影师在拍摄海景的时候，最常采用的构图手法就是水平线构图。

▲ 图 6-24 海边航拍的水平线构图的照片

图 6-25 是在广富林遗址航拍的照片，以水平线的构图方式将天空与水面分割。

▲ 图 6-25　广富林遗址以水平线的构图方式航拍的风景照片

图6-26是在欢乐世界采用水平线构图航拍的照片，将建筑与天空一分为二，宁静、协调。

▲ 图 6-26　欢乐世界采用水平线构图航拍的照片

6.4.6　横幅全景构图

全景构图是一种广角图片，全景构图这个词最早由爱尔兰画家罗伯特•巴克提出来的，全景构图的优点：一是画面内容丰富全面；二是视觉冲击力很强，极具观赏性。

现在的全景照片，一是采用无人机本身自带的全景摄影功能直接拍成，二是运用无人机进行多张单拍，拍完后通过软件进行后期接片。在无人机的拍照模式中，有四种全景模式，如球形、180°、广角、竖拍等，如图6-27所示，在第7章的第7.5节进行了详细说明。如果要拍横幅全景照片的话，这里要选择180°的全景模式。

▲ 图6-27　无人机中的四种全景模式

如图6-28所示，绵延起伏的山脉是运用横幅全景构图拍摄的好对象，天空中的白云很好地装饰着画面，180°的全景将画面一分为二，天空占一半，地景占一半，全景画面显得大气、漂亮，极具震撼力。

▲ 图6-28　180°的全景风光照片

城市的夜景也是非常繁华和漂亮的，灯光照射出来的光点亮着整个城市，给静寂的夜增添了许多的色彩。图6-29是在上海航拍的城市夜景，高楼大厦，灯火阑珊，这样的美景和城市令人向往。

▲图 6-29　上海航拍的城市夜景

☆专家提醒☆

如果用户是使用无人机拍摄的多张照片，然后进行后期合成的全景接片，那么在拍摄全景照片的时候，要快并且稳，每张照片最好不要超过一分钟，否则全景照片上的东西会有变化，如桥上的车、河中的船等，整个画面尽量简洁而有序。另外，取景时保持照片之间 30% 左右的重叠，以确保照片合成的成功率。

第7章 熟练使用 DJI GO 4 APP 航拍工具

学前提示

如果用户使用的是大疆系列的无人机，就需要使用大疆指定的 APP 来操控无人机系统，比如“御”Mavic2 系列的无人机需要使用 DJI GO 4 APP 来操控。本章主要介绍 DJI GO 4 APP 的使用技巧，比如安装与注册 APP、掌握曝光模式、设置照片尺寸与格式，以及设置全景拍摄方式等内容，本章内容对航拍有很大帮助。

7.1 安装与注册 DJI GO 4 APP

大疆“御”Mavic 2 专业版无人机需要安装 DJI GO 4 APP，结合该 APP 才能使无人机正确地飞行。本节主要介绍安装与注册 DJI GO 4 APP 的操作方法。

7.1.1 DJI GO 4 APP 的下载与安装

在手机的应用商店中即可下载 DJI GO 4 APP，下面介绍下载、安装 DJI GO 4 APP 的方法。

Step 01 1 进入手机中的应用商店，找到界面上方的搜索栏，如图 7-1 所示；2 输入需要搜索的应用 DJI GO 4；3 下方即可自动显示搜索结果，如图 7-2 所示。

▲ 图 7-1　找到搜索栏

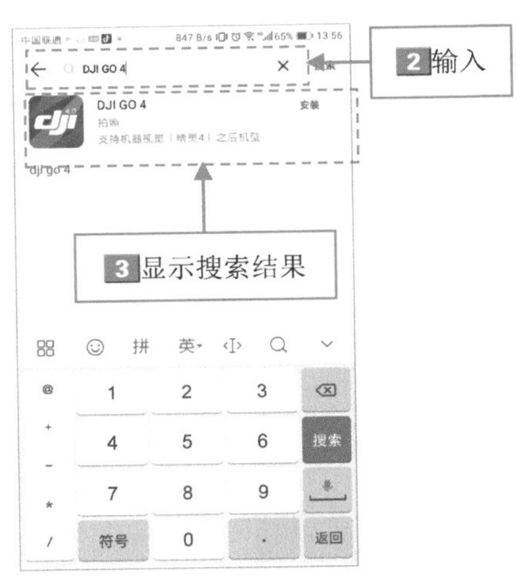

▲ 图 7-2　显示搜索结果

Step 02 点击搜索到的 DJI GO 4 APP，显示 APP 的具体信息，1 点击下方的“安装”按钮，如图 7-3 所示；2 开始安装 DJI GO 4 APP，界面下方显示安装进度，如图 7-4 所示。

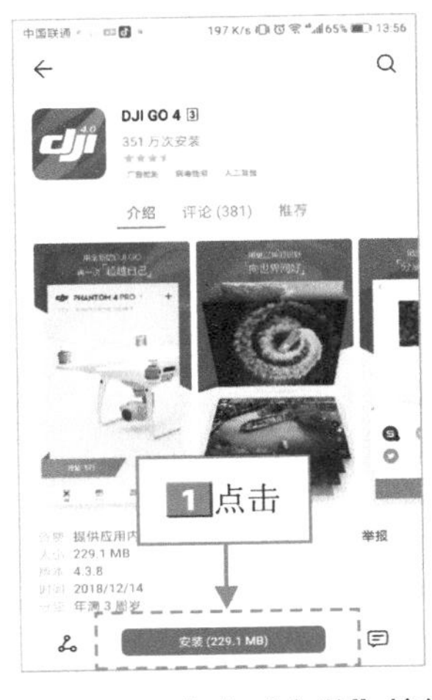

▲ 图 7-3　点击“安装”按钮

▲ 图 7-4　显示安装进度

Step 03 待 DJI GO 4 APP 安装完成后，点击界面下方的“打开”按钮，如图 7-5 所示；进入 DJI GO 4 APP 启动界面，下方显示了 APP 的名称，如图 7-6 所示。

▲ 图 7-5　点击“打开”按钮

▲ 图 7-6　显示 APP 的名称

Step 04 APP 进行资源的初始化操作，显示正在启动中，如图 7-7 所示；弹出“使用条款与隐私协议”界面，点击下方的“同意”按钮，如图 7-8 所示。

▲ 图 7-7　显示 APP 正在启动

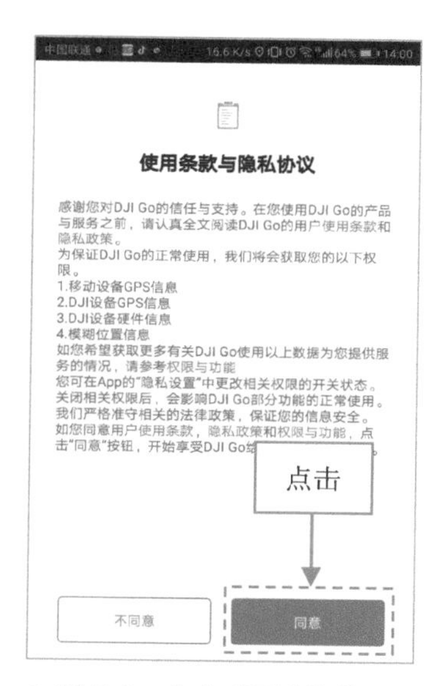

▲ 图 7-8　点击“同意”按钮

Step 05 进入“产品改进计划”界面，点击“加入产品改进计划”按钮，如图 7-9 所示，如果用户不想加入产品改进计划，也可以在该界面中点击“暂不考虑”按钮；执行操作后，即可进入 DJI GO 4 APP 的注册与登录界面，如图 7-10 所示。至此，即可完成 DJI GO 4 APP 的下载与安装操作。

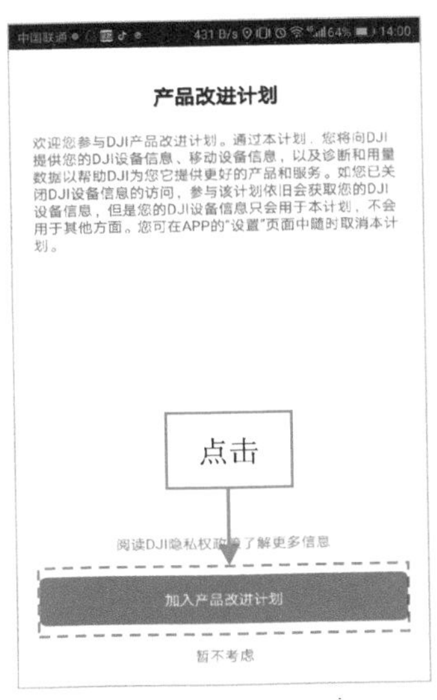

▲ 图 7-9 点击“加入产品改进计划”按钮

▲ 图 7-10 进入注册与登录界面

7.1.2 DJI GO 4 APP 的注册并登录

当在手机中安装好 DJI GO 4 APP 后，需要注册并登录 DJI GO 4 APP，这样才能在 DJI GO 4 APP 中拥有属于自己独立的账号，该账号中会显示自己的用户名、作品数、粉丝数、关注数以及收藏数等信息。下面介绍注册与登录 DJI GO 4 APP 的操作方法。

Step 01 进入 DJI GO 4 APP 工作界面，点击左下方的“注册”按钮，如图 7-11 所示。

Step 02 进入“注册”界面，该 APP 只能通过手机号码注册，如图 7-12 所示，1 在上方输入手机号码；2 点击“获取验证码”按钮，官方会将验证码发送到该手机号码上；3 用户在左侧文本框中输入验证码信息。

▲ 图 7-11 点击“注册”按钮

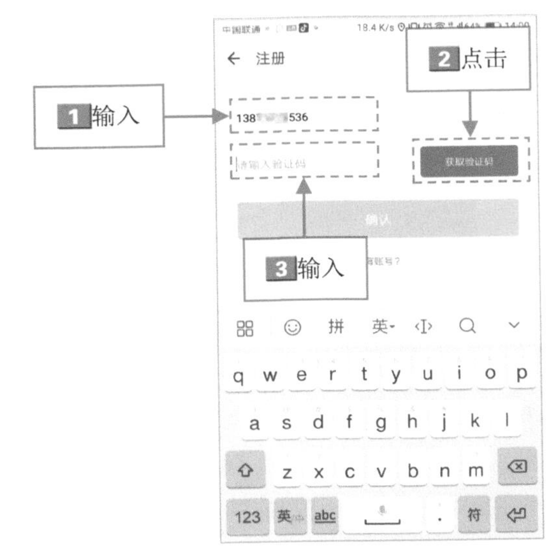

▲ 图 7-12 输入手机号码和验证码

Step03 点击“确认”按钮，进入“设置新密码”界面，1在其中输入账号的密码；2重复输入一次密码；3点击“注册”按钮，如图 7-13 所示。

Step04 进入“完善信息”界面，1在其中设置好用户名；2点击“男”按钮；3点击“完成”按钮，如图 7-14 所示。

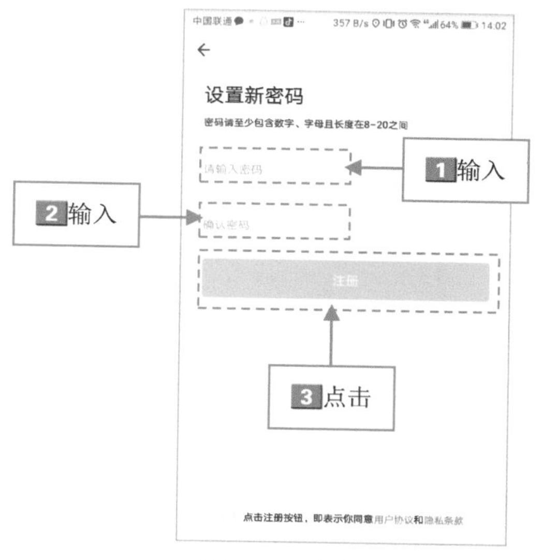

▲ 图 7-13　点击“注册”按钮

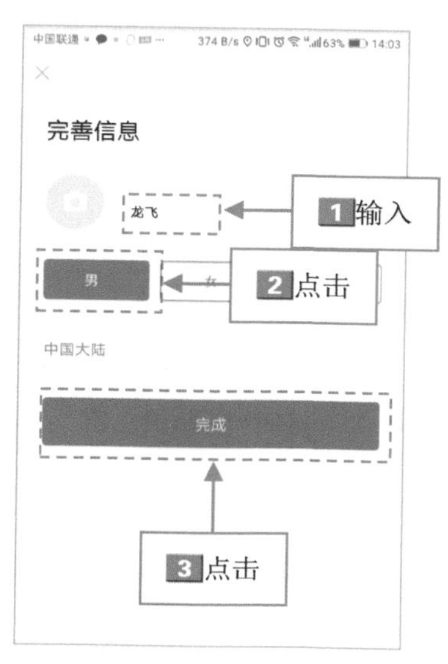

▲ 图 7-14　点击“完成”按钮

Step05 完成账号信息的填写，进入“设备”界面，点击“御 2”设备，如图 7-15 所示。

Step06 进入“御 2”界面，即可完成 APP 的注册与登录操作，如图 7-16 所示。

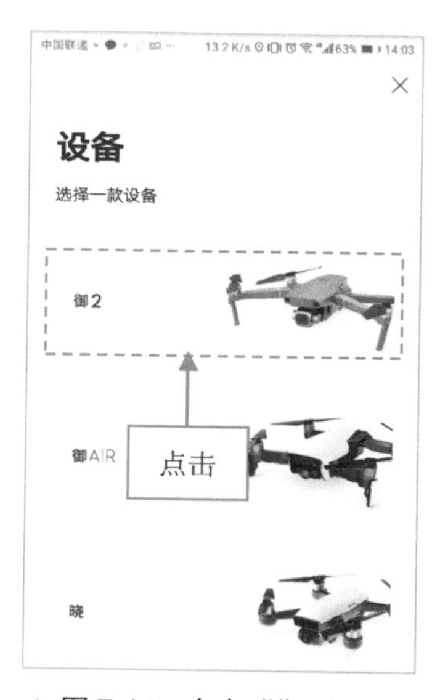

▲ 图 7-15　点击“御 2”设备

▲ 图 7-16　完成登录操作

如果您是无人机设备的飞行老手，早已注册了 DJI GO 4 APP，那么只需通过账号密码登录 DJI GO 4 APP 即可，下面介绍直接登录 DJI GO 4 APP 的操作方法。

Step 01 进入 DJI GO 4 APP 工作界面，点击左下方的“登录”按钮，如图 7-17 所示。

Step 02 进入“登录”界面，1 在其中输入手机号码和密码等信息；2 点击“登录”按钮，如图 7-18 所示，即可登录 APP 账号。

▲ 图 7-17　点击“登录”按钮

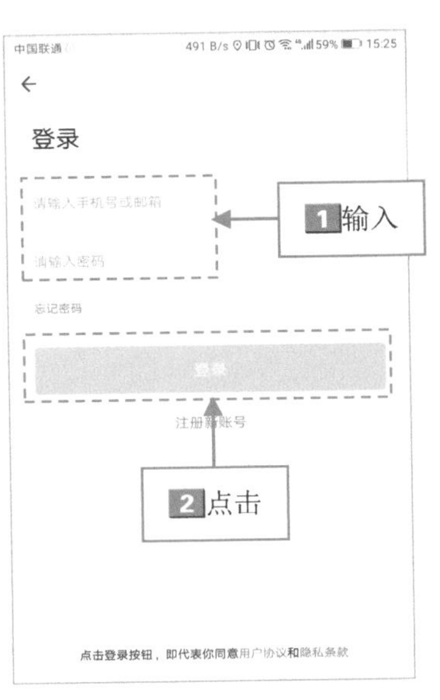

▲ 图 7-18　输入账号密码信息

7.1.3　在 APP 中连接无人机设备

当用户注册与登录 DJI GO 4 APP 后，需要将 APP 与无人机设备进行正确连接，这样才可以通过 DJI GO 4 APP 对无人机进行飞行控制。下面介绍连接无人机设备的操作方法。

Step 01 进入 DJI GO 4 APP 主界面，点击“进入设备”按钮，如图 7-19 所示。

Step 02 进入“选择下一步操作”界面，点击“连接飞行器”按钮，如图 7-20 所示。

▲ 图 7-19　点击“进入设备”按钮

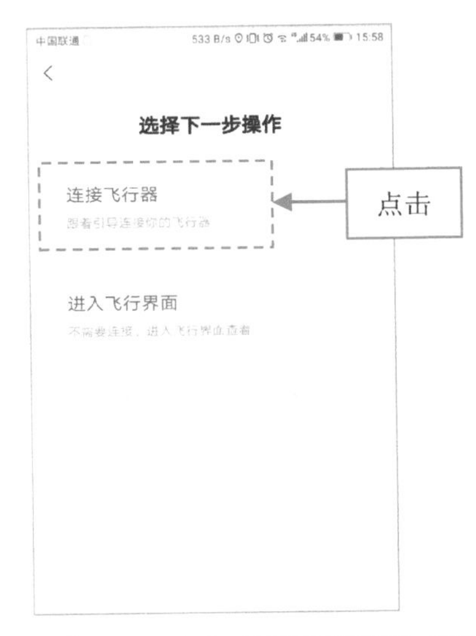

▲ 图 7-20　点击“连接飞行器”按钮

Step 03 进入“展开机臂和安装电池”界面，根据界面提示，展开无人机的前机臂和后机臂，将电池放入电池仓，操作完成后，点击屏幕中的“下一步”按钮，如图 7-21 所示。

Step 04 进入“开启飞行器和遥控器”界面，根据界面提示，开启无人机和遥控器，操作完成后，点击“下一步”按钮，如图 7-22 所示。

▲ 图 7-21　展开机臂和安装电池

▲ 图 7-22　开启飞行器和遥控器

Step 05 进入“连接遥控器和移动设备”界面，通过遥控器上的转接线，将手机与遥控器进行正确连接，并固定好，如图 7-23 所示。

Step 06 此时，屏幕界面上会弹出提示信息框，提示用户是否连接此设备，点击“确定”按钮，如图 7-24 所示。

▲ 图 7-23　连接遥控器和手机

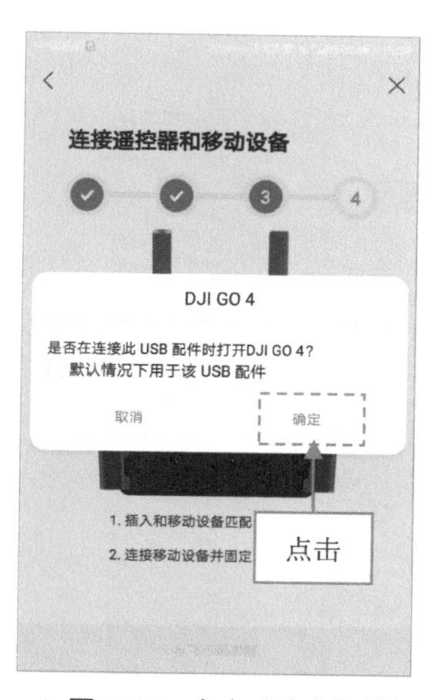

▲ 图 7-24　点击“确定”按钮

Step 07 屏幕界面中提示设备已经连接成功，点击“完成”按钮，如图 7-25 所示。

Step 08 执行操作后，返回 DJI GO 4 APP 主界面，左下角提示设备已经连接，如图 7-26 所示，如果用户带着无人机飞出去体验一下，可以点击“开始飞行”按钮，即可进入 DJI GO 4 APP 飞行界面。

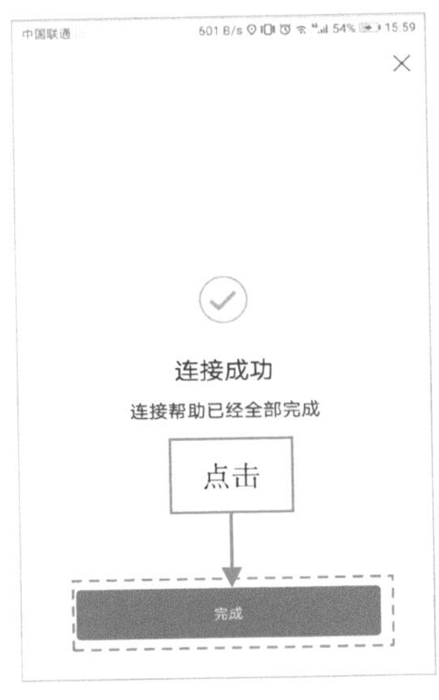

▲ 图 7-25　点击“完成”按钮

▲ 图 7-26　提示设备已经连接

7.2 熟知 DJI GO 4 APP 界面元素

当我们将无人机与手机连接成功后，接下来进入飞行界面，认识 DJI GO 4 飞行界面中各按钮和图标的功能，帮助我们更好地掌握无人机的飞行技巧。在 DJI GO 4 APP 主界面中，点击“开始飞行”按钮，即可进入无人机图传飞行界面，如图 7-27 所示。

▲ 图 7-27　无人机图传飞行界面

下面详细介绍图传飞行界面中的各按钮的含义及功能。

1 主界面：点击该图标，将返回如图 7-26 所示的 DJI GO 4 的主界面。

2 飞行器状态提示栏飞行中（GPS）：在该状态栏中，显示了无人机的飞行状态，如果无人机处于飞行中，则提示“飞行中”信息，如图 7-28 所示；如果无人机处于准备起飞状态，则提示“起飞准备完毕”信息，如图 7-29 所示。

▲ 图 7-28　提示“飞行中”信息

▲ 图 7-29　提示“起飞准备完毕”信息

3 飞行模式 Position：显示了当前的飞行模式，点击该图标，将进入“飞控参数设置”界面，在其中可以设置无人机的返航点、返航高度以及新手模式等，如图 7-30 所示，还允许用户切换三种飞行模式，即 S 模式、P 模式以及 T 模式，上下滑动屏幕，可以进行相关的设置。

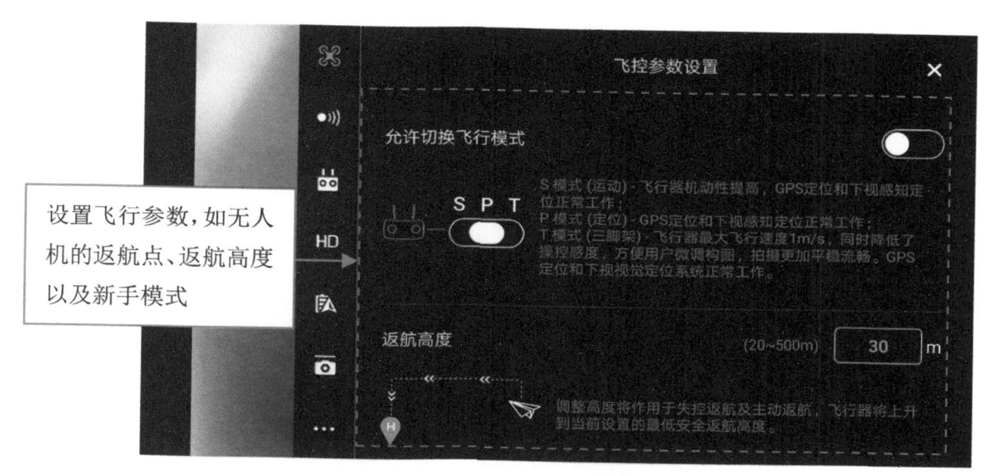

▲ 图 7-30　进入“飞控参数设置”界面

☆专家提醒☆

S 模式是指运动模式，无人机机动性能高，GPS 定位和下视感知定位正常工作；P 模式是指定位模式，GPS 定位和下视感知定位正常工作；T 模式是指三脚架模式，无人机最大飞行速度为 1m/s，同时降低了操控感度，方便用户微调构图，拍摄更加平稳和流畅。

4 GPS 状态：该图标用于显示 GPS 信号的强弱。如果只有 1 格信号，则说明当前 GPS 信号非常弱，强制起飞，会有炸机和丢机的风险；如果显示 5 格信号，则说明当前 GPS 信号非常强，用户可以放心在室外起飞无人机设备。

5 障碍物感知功能状态：该图标用于显示当前无人机的障碍物感知功能是否能正常工作，点击该图标，将进入“感知设置”界面，在其中可以设置无人机的感知系统、雷达图以及辅助照明等，如图 7-31 所示。

☆专家提醒☆

只要无人机的感知系统正常，就有自动避障功能，能够实时感知飞行前方 30 米的环境情况，如果前方有障碍物，无人机会自动避开绕行。当然，无人机要有感知系统，要有自动避障功能，才可以使用该功能。

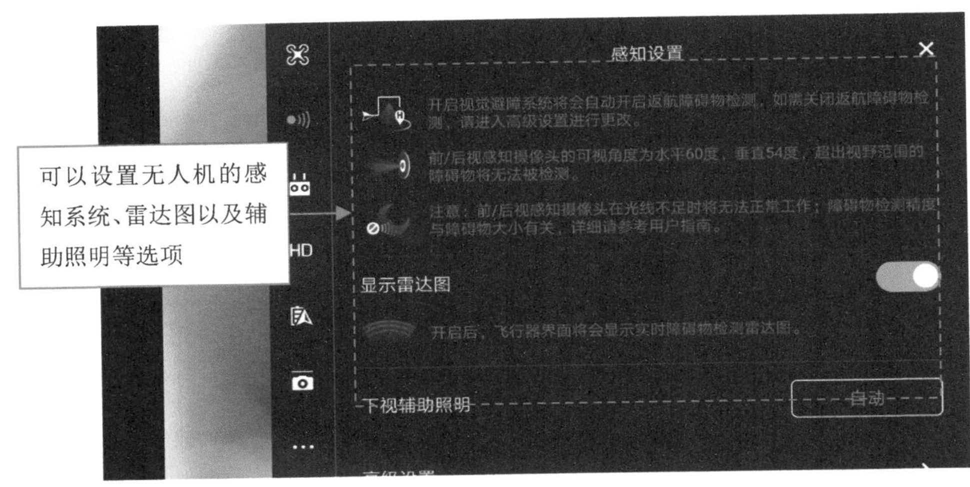

▲ 图 7-31　进入“感知设置”界面

6 遥控器信号质量：该图标显示遥控器与无人机之间遥控信号的质量。如果只有 1 格信号，则说明当前信号非常弱；如果显示 5 格信号，对说明当前信号非常强。点击该图标，可以进入“遥控器功能设置”界面，如图 7-32 所示。

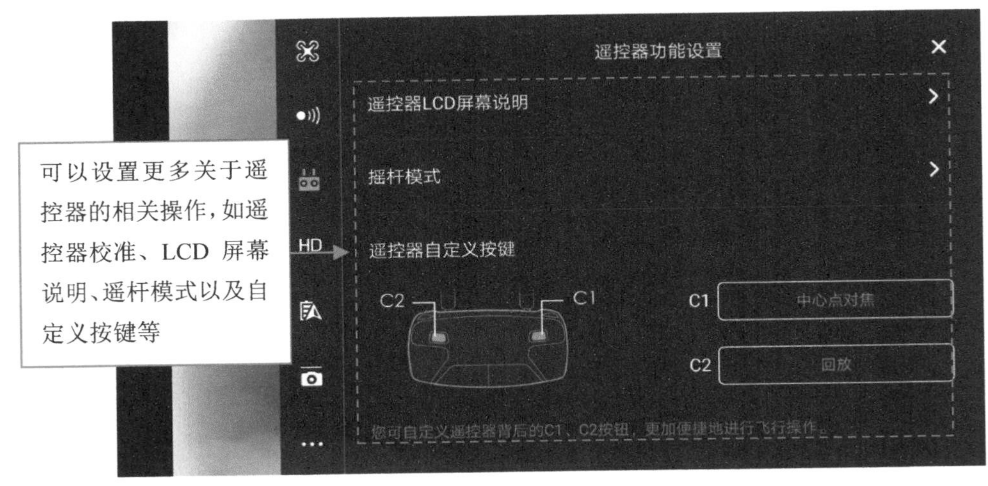

▲ 图 7-32　进入“遥控器功能设置”界面

7 高清图传信号质量：该图标显示无人机与遥控器之间高清图传信号的质量。如果信号质量高，则图传画面稳定、清晰；如果信号质量差，则可能会中断手机屏幕上的图传画面信息。点击该图标，可以进入“图传设置”界面，如图 7-33 所示。

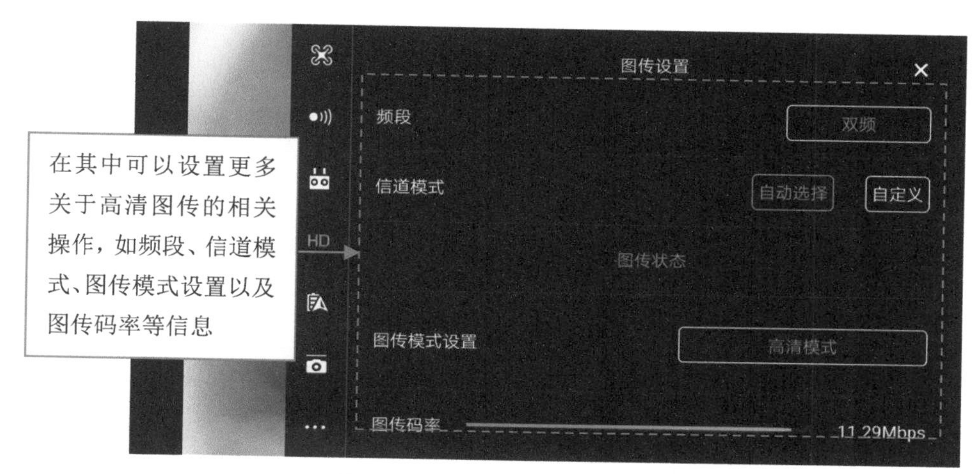

▲ 图 7-33 进入“图传设置”界面

8 电池设置 70%：可以实时显示当前无人机设备电池的剩余电量，如果无人机出现放电短路、温度过高、温度过低或者电芯异常，界面都会给出相应的提示。点击该图标，可以进入“智能电池信息”界面，如图 7-34 所示。

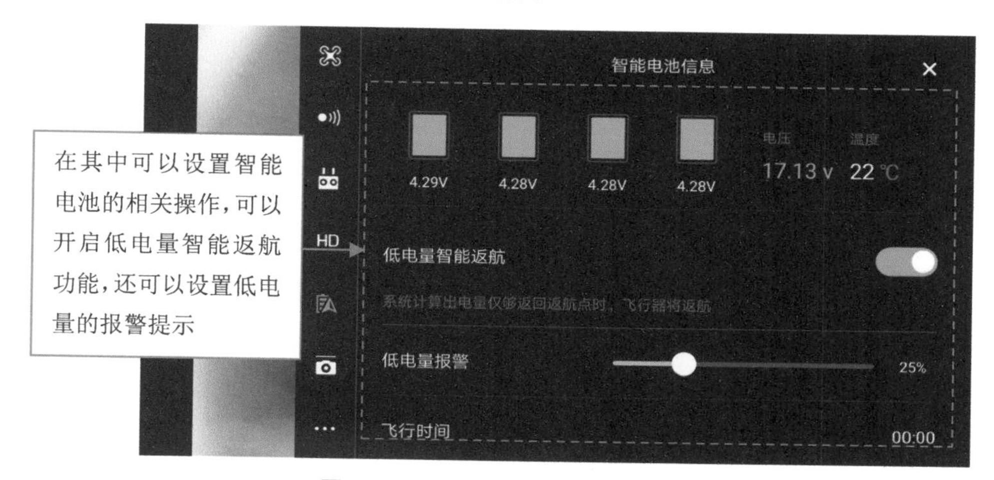

▲ 图 7-34 进入“智能电池信息”界面

9 通用设置 •••：点击该按钮，可以进入“通用设置”界面，如图 7-35 所示，在其中可以设置相关的飞行参数、直播平台以及航线操作等。

10 自动曝光锁定 AE：点击该按钮，可以锁定当前的曝光值。

11 拍照 / 录像切换按钮：点击该按钮，可以在拍照与拍视频之间进行切换，当点击该按钮后，将切换至拍视频界面，按钮也会发生相应变化，变成录像机的图标，如图 7-36 所示，在界面中的下方，我们看到了一条红色弧线，它代表什么呢？是有什么危险情况发生吗？我们来看看它的含义。

12 拍照 / 录像按钮：单击该按钮，可以开始拍摄照片，或者开始录制视频画面。对于录制视频，再次单击该按钮，将停止录制操作。

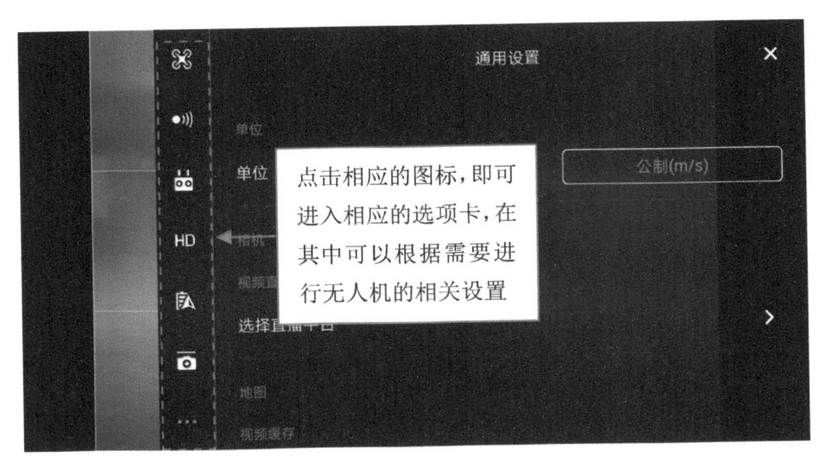

▲ 图 7-35　进入“通用设置”界面

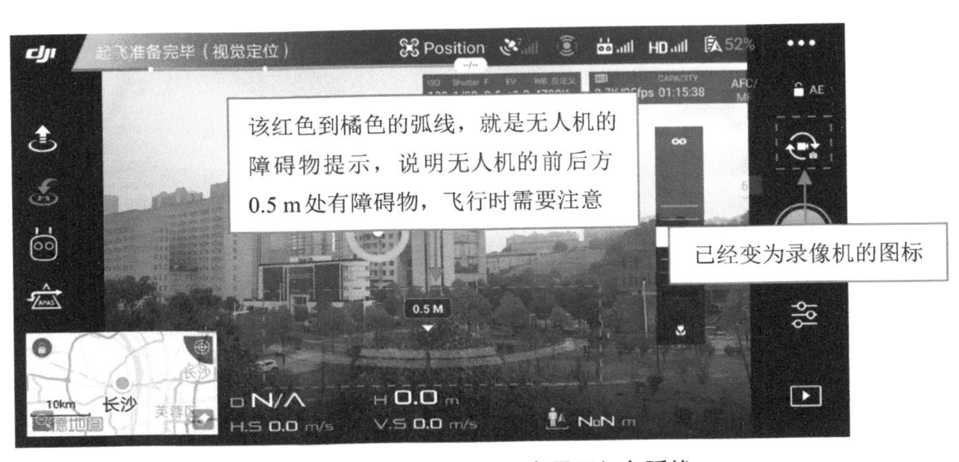

▲ 图 7-36　界面中的下方显示红色弧线

13 拍照参数设置：点击该按钮，在弹出的面板中，可以设置拍照与录像的各项参数，如图 7-37 所示。

▲ 图 7-37　设置拍照与录像的各项参数

14 素材回放 ：点击该按钮，可以回看自己拍摄过的照片和视频文件，可以实时查看素材拍摄的效果是否满意，如图 7-38 所示。

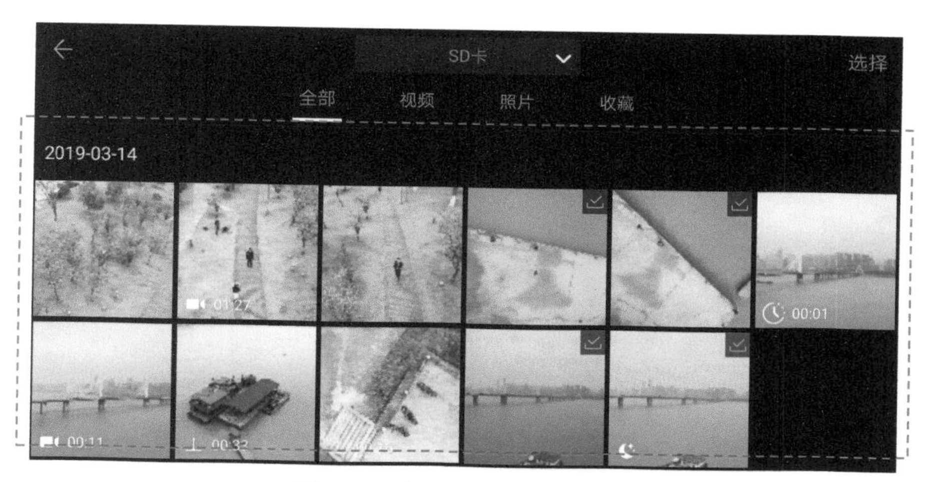

▲ 图 7-38　实时查看素材拍摄的效果

15 相机参数 ：显示当前相机的拍照 / 录像参数，以及剩余的可拍摄容量。

16 对焦 / 测光切换按钮 ：点击该图标，可以切换对焦和测光的模式，可以对画面进行对焦操作，如图 7-39 所示的图传屏幕中，显示了对焦的图标。

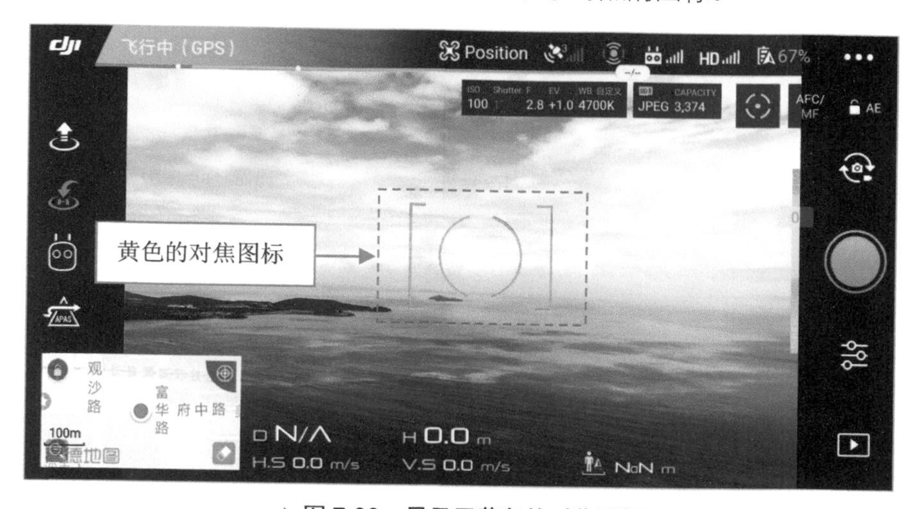

▲ 图 7-39　显示了黄色的对焦图标

17 飞行地图与状态 ：该图标是以高德地图为基础，显示了当前无人机的姿态、飞行方向以及雷达功能，点击地图图标，即可放大地图显示，可以查看无人机目前的具体位置。

18 自动起飞 / 降落 ：点击该按钮，可以使用无人机的自动起飞与自动降落功能。

19 智能返航 ：点击该按钮，可以使用无人机的智能返航功能，帮助用户一键返航无人机。这里需要注意，当我们使用一键返航功能时，一定要先更新返航点，以免无人机飞到了其他地方，而不是用户当前所站的位置。

20 智能飞行：点击该按钮，可以使用无人机的智能飞行功能，如兴趣点环绕、一键短片、延时摄影、智能跟随以及指点飞行等模式。

21 避障功能：点击该按钮，将弹出“安全警告”提示信息，如图 7-40 所示，提示用户在使用遥控器控制无人机向前或向后飞行时，将自动绕开障碍物，点击“确定”按钮，即可开启该功能。

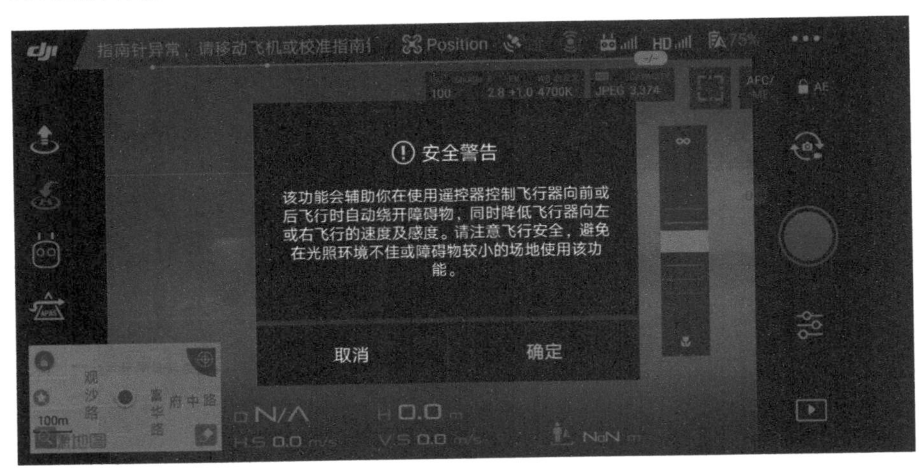

▲ 图 7-40　弹出“安全警告”提示信息

7.3　想拍出专业的照片，先学这个

要想从无人机航拍摄影“菜鸟”晋升为“高手”，用户还必须了解 ISO、快门和光圈等基本的摄影知识，掌握无人机的四种曝光模式：自动模式、光圈优先模式、快门优先模式以及手动模式，有利于用户拍出更专业的照片。

7.3.1　自动模式，自动调节拍摄参数

自动模式（AUTO）又称为傻瓜模式，主要由无人机系统根据拍摄环境自动调节拍摄参数。在自动模式下，用户可以设置照片的 ISO 数值，即感光度参数，下面介绍在自动模式下设置照片 ISO 曝光参数的操作方法。

Step 01 开启无人机与遥控设备，进入 DJI GO 4 APP，进入飞行界面，点击右侧的“调整”按钮，如图 7-41 所示。

Step 02 进入 ISO、光圈和快门设置界面，如图 7-42 所示，其中包含四种拍摄模式：第一种是自动模式，第二种是光圈优先模式（A 挡），第三种是快门优先模式（S 挡），第四种是手动模式（M 挡）。

Step 03 ISO 感光度是按照整数倍率排列的，有 100、200、400、800、1600、3200、6400 以及 12800 等，相邻的两挡感光度对光线敏感程度也相差一倍，在相机设置界面的“自动模式”下，手机可以滑动 ISO 下方的滑块，调整 ISO 感光度参数，如图 7-43 所示。

▲ 图 7-41　点击右侧的“调整”按钮

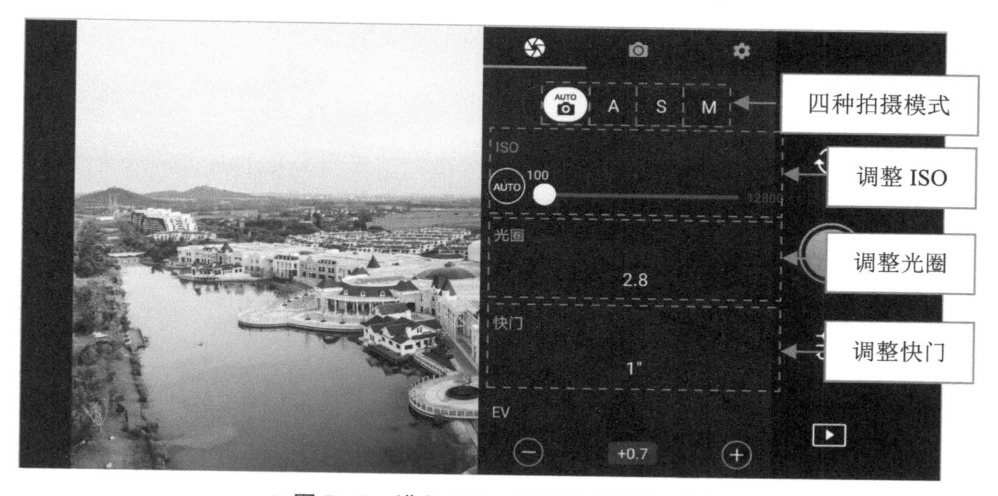

▲ 图 7-42　进入 ISO、光圈和快门设置界面

▲ 图 7-43　调整 ISO 感光度参数

Step 04 如图 7-44 所示，可以清楚地了解在固定光圈和快门时，不同的感光度对画面的曝光有不一样的效果。左图为低感光度下拍摄的，可以看出画面纯净度十分不错，暗部没有丝毫噪点，但画面的整体明显处于偏暗状态，曝光不足。右图为高感光度拍摄的，画面的亮度得到了明显提升，房屋细节也能看出来了。

▲ 图 7-44　自动模式下调整 ISO 感光度的画面变化

7.3.2　光圈优先模式，合理控制进光量

光圈是一个用来控制光线透过镜头，进入机身内感光面光量的装置，光圈有一个非常具象的比喻，那就是我们的瞳孔。不管是人还是动物，在黑暗的环境中瞳孔总是最大的时候，在灿烂的阳光下瞳孔则是最小的时候。因为瞳孔的直径决定进光量的多少，相机中的光圈同理。光圈越大，进光量则越大；光圈越小，进光量也就越小。

光圈除了可以控制进光量外，还有一个重要的作用——控制景深。光圈值越大，进光量越多，景深越浅；光圈值越小，进光量越少，景深越大。当全开光圈拍摄时，合焦范围缩小，可以让画面中的背景产生虚化效果。

在 DJI GO 4 APP 的“调整”界面中，我们选择 A 挡（光圈优先模式），在下方滑动调整光圈参数，可以任意设置光圈大小，如图 7-45 所示。

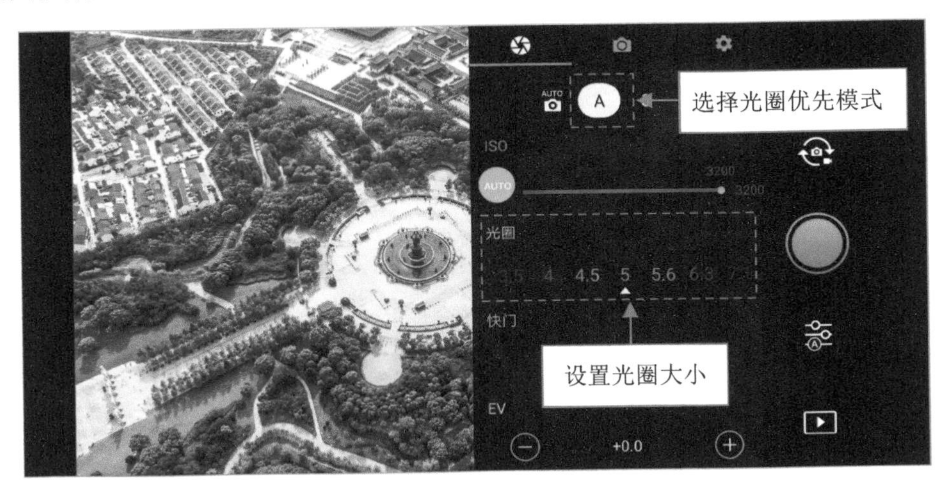

▲ 图 7-45　光圈优先模式可任意设置光圈大小

如图 7-46 所示，可以清楚地了解设置不同的光圈值对画面的曝光有不一样的效果。左图设置的光圈值较小，整体画面偏暗；右图设置的光圈值较大，从而增加了曝光，画面变亮。

▲ 图 7-46　设置不同的光圈值对画面的影响

7.3.3　快门优先模式，控制照片曝光时长

快门速度就是“曝光时间”，指相机快门打开到关闭的时间。快门是控制照片进光量一个重要的部分，控制着光线进入传感器的时间。假如，把相机曝光拍摄的过程，比作用水管给水缸装水的话，快门控制的就是水龙头的开关。水龙头控制装多久的水，而相机的快门则控制着光线进入传感器的时间。

在 APP 界面中，快门速度一般的表示方法是 1/100s、1/30s、5s、8s 等，我们将拍摄模式调至 S 挡（快门优先模式），在下方滑动调整快门参数，可以任意设置快门速度，如图 7-47 所示。

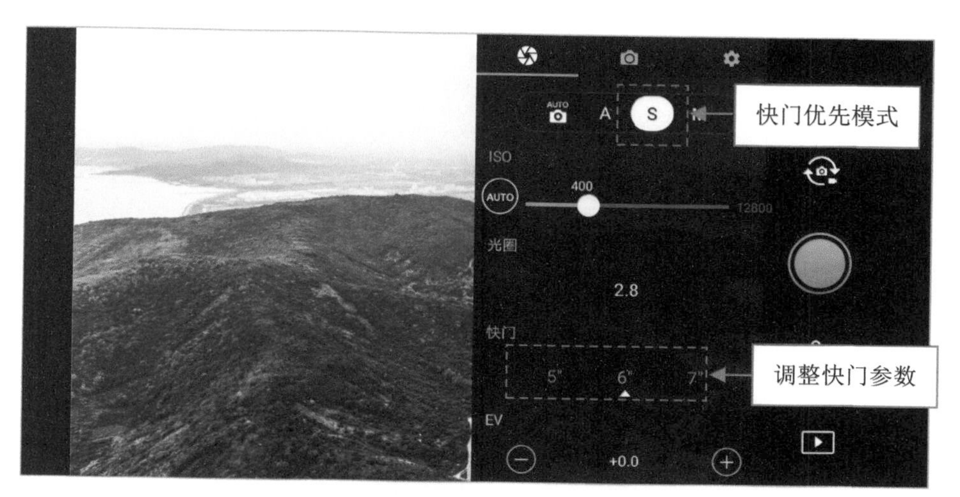

▲ 图 7-47　快门优先模式可任意设置快门速度

“高速快门”顾名思义就是使用较高的快门速度记录快速移动的物体，例如汽车、飞机、飞鸟、宠物、烟花、水滴以及海浪等。图 7-48 是用“高速快门”拍摄的烟花效果，可以清晰地拍摄出烟花的绽放过程。

“慢速快门（慢门）”的定义与高速快门相反，是指以一个较低的快门速度来进行曝光，通常这个速度要慢于 1/30s，而无人机目前的慢门时间最长为 8s。图 7-49 是用“慢速快门”拍摄的画面，长时间曝光将车流的运动轨迹以光影线条的形式展现。

▲ 图 7-48　“高速快门”拍摄的照片

▲ 图 7-49　“慢速快门”拍摄的照片

7.3.4　手动模式，自由设置参数，拍大片

在手动模式（M 挡）下，拍摄者可以任意设置照片的拍摄参数，对于感光度、光圈、快门都可以根据实际情况进行手动设置，如图 7-50 所示，M 挡是专业摄影师最喜爱的模式。

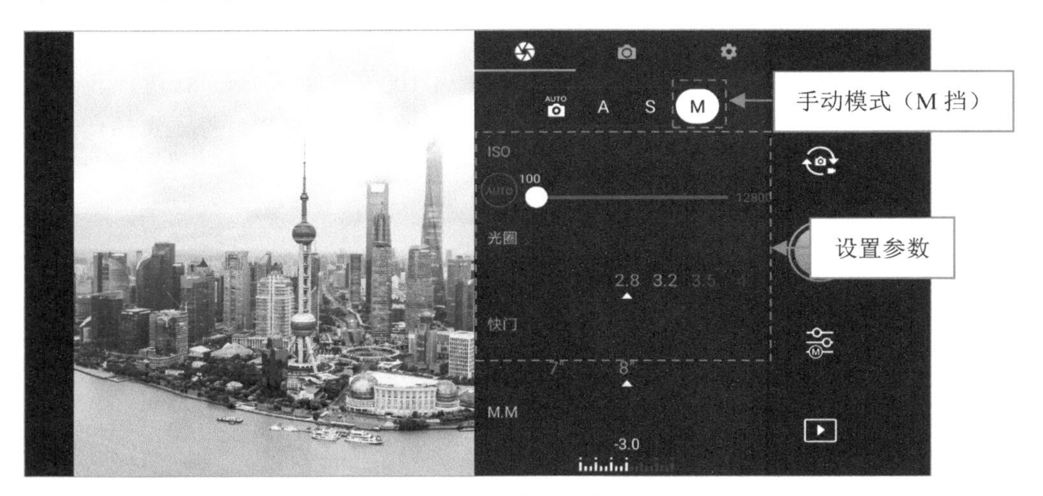

▲ 图 7-50　M 挡手动模式设置

7.4　航拍之前先设置，否则白拍

使用无人机拍摄照片之前，设置好照片的尺寸与格式也很重要，不同的照片尺寸与格式对使用的途径有影响，无人机中不同的拍摄模式可以得到不同的照片效果。本节主要介绍设置照片尺寸格式与拍摄模式的操作方法。

7.4.1　拍摄尺寸决定照片的画幅比例

在 DJI GO 4 APP 的“调整”界面中，照片有两种比例可供选择：一种是 16 ∶ 9 的尺寸，另一种是 3 ∶ 2 的尺寸，用户可根据实际需要选择相应的照片尺寸。具体的设置方式如下：

Step 01 进入相机调整界面，点击“照片比例”选项，如图 7-51 所示。

▲ 图 7-51　点击“照片比例”选项

Step 02 进入“照片比例”设置界面，在其中选择需要拍摄的照片尺寸，如图 7-52 所示。

▲ 图 7-52　选择需要拍摄的照片尺寸

图 7-53 所示为使用无人机拍摄的 16 ∶ 9 的照片尺寸，图 7-54 所示为使用无人机拍摄的 3 ∶ 2 的照片尺寸。

▲ 图 7-53　拍摄的 16 ： 9 的照片尺寸

▲ 图 7-54　拍摄的 3 ： 2 的照片尺寸

7.4.2　存储格式方便后期来精修照片

在 DJI GO 4 APP 的相机调整界面中，可以设置三种照片格式：第一种是 RAW 格式；第二种是 JPEG 格式；第三种是 JPEG+RAW 的双格式。如图 7-55 所示，根据需要选择即可。

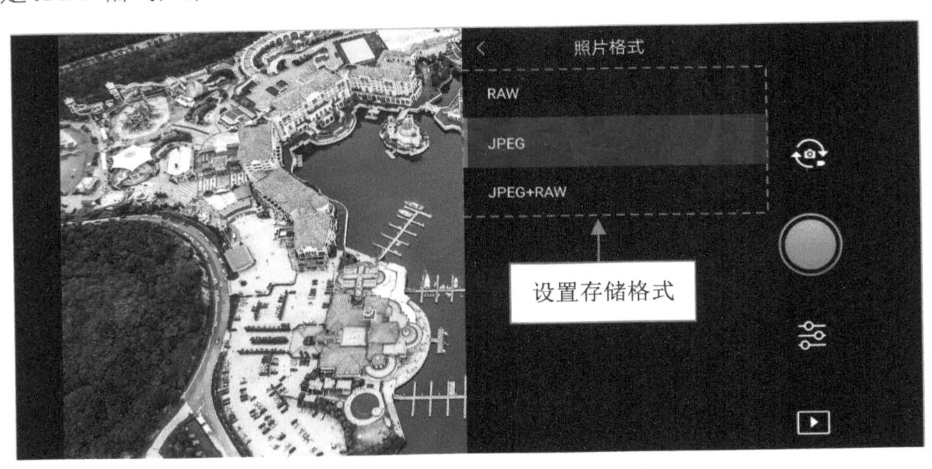

▲ 图 7-55　可以设置三种照片格式

7.4.3　拍照模式适用于不同场景

使用无人机拍摄照片，有七种照片的拍摄模式，单拍、HDR、纯净夜拍、连拍、AEB 连拍、定时拍摄以及全景拍摄，不同的模式可以满足我们日常的拍摄需求，这个功能非常实用，也是学习无人机摄影的基础。下面介绍设置照片拍摄模式的操作方法。

Step 01 在飞行界面中，点击右侧的“调整”按钮，进入相机调整界面，点击“拍照模式”选项，如图 7-56 所示。

Step 02 进入“拍照模式”界面，在其中查看用户可以使用的拍照模式，如图 7-57 所示。单拍是指拍摄单张照片；HDR 的全称是 High-Dynamic Range，是指高动态范围图像，相比普通的图像，HDR 可以保留更多的阴影和高光细节；纯净夜拍可以用来拍摄夜景照片；连拍是指连续拍摄多张照片。这里点击“连拍”选项。

▲ 图 7-56　点击“拍照模式”选项

▲ 图 7-57　查看用户可以使用的拍照模式

Step 03 在“连拍”模式下，有 3 张和 5 张的选项，可以用来抓拍高速运动的物体，如图 7-58 所示。

▲ 图 7-58　选择连拍模式

☆专家提醒☆

在“连拍”模式下，如果用户选择“3”选项，则表示一次性连拍 3 张照片；如果选择“5”选项，则表示一次性连拍 5 张照片，按下“拍照”按钮开始拍摄。

Step 04 AEB 连拍是指包围曝光，有 3 张和 5 张的选项，相机以 0.7 的曝光补偿增减连续拍摄多张照片，适用于拍摄静止的大光比场景；定时拍摄是指以所选的间隔时间连续拍摄多张照片，下面有 9 个不同的时间可供选择，如图 7-59 所示，适合用户拍摄延时作品。

▲ 图 7-59　定时拍摄的时间间隔

7.5　全景摄影，大片应该这么拍

全景模式是一个非常好用的拍摄功能，用户可以拍摄出四种不同的全景照片，包括球形全景、180° 全景、广角全景以及竖拍全景。本节主要介绍这些全景照片的拍摄方式。

7.5.1　球形全景，自动拼接可动态查看

球形全景是指相机自动拍摄 34 张照片，然后进行自动拼接，拍摄完成后，用户在查看照片效果时，可以点击球形照片的任意位置，相机将自动缩放到该区域的局部细节，这是一张动态的全景照片。图 7-60 所示为无人机拍摄的全景照片效果。

▲ 图 7-60　无人机拍摄的全景照片效果

7.5.2 180° 全景，全范围欣赏大片美景

180° 全景是指 21 张照片的拼接效果，以地平线为中心线，天空和地面各占照片的二分之一，效果如图 7-61 所示。

▲ 图 7-61 180° 全景照片

7.5.3 广角全景，镜头更广眼界更宽阔

无人机中的广角全景是指 9 张照片的拼接效果，拼接出来的照片尺寸呈正方形，画面同样是以地平线为中心线进行拍摄，效果如图 7-62 所示。

▲ 图 7-62 广角全景照片

7.5.4 竖拍全景，上下延伸体现画面纵深感

无人机中的竖拍全景是指 3 张照片的拼接效果，也是以地平线为中心线进行拍摄的。竖画幅全景可以给欣赏者一种向上下延伸的感受，可以将画面的上下部分的各种元素紧密地联系在一起，从而更好地表达画面主题。

什么时候适合用竖幅全景构图呢？一是拍摄的对象具有竖向的狭长性或线条性，如图 7-63 所示；二是展现天空的纵深及里面有合适的点睛对象，如图 7-64 所示。

▲ 图 7-63　具有狭长性或线条性

▲ 图 7-64　展现天空的纵深

第8章

起飞前的准备工作与首飞技巧

学前提示

当掌握了一系列的安全风险规避事项后，可以学习飞行无人机的一些基本技巧了，如拍摄前的计划、安全起飞的步骤与流程、检查无人机设备是否正常，以及安全起飞与降落无人机的方法，熟练掌握这些知识后，可以为学习空中各种飞行动作奠定良好的基础。

8.1 熟记清单，否则浪费更多时间

使用无人机拍摄风景或视频素材之前，应该做好拍摄计划，比如你需要带上哪些拍摄器材？无人机在空中应该如何飞行？你需要拍摄哪些内容？做好这些准备工作后，可以帮助用户有目的、更有效率地飞行无人机。

8.1.1 器材的准备清单

使用无人机进行航拍之前，我们对器材要有充分的准备，如果因为少了一两样器材，而无法完成拍摄，这样会浪费更多的人力、物力和财力。

下面介绍器材的准备清单：

① 无人机；

② 遥控器；

③ 一对备用螺旋桨；

④ 两块充满了电的备用电池；

⑤ 一个充满了电的充电宝；

⑥ 充电器一个，可以双充无人机电池与遥控器；

⑦ 备用一部智能手机；

⑧ 备用一张 SD 存储卡；

⑨ 镜头清洁工具（包括软毛镜头清洁刷、镜头清洁液、清洁布等），如图 8-1 所示。

▲ 图 8-1　镜头清洁工具

另外，为了防止无人机中途出现故障，用户可以准备一个工具箱（六角扳手、螺丝刀、剪刀、双面胶带、束线带、锋利小刀、电烙铁、剥线钳等），如图 8-2 所示。

☆专家提醒☆

如果你是一位摄影爱好者，在外拍出行前，还可以带上一些其他的摄影器材，如微单相机、单反相机、三脚架以及智云稳定器等器材。

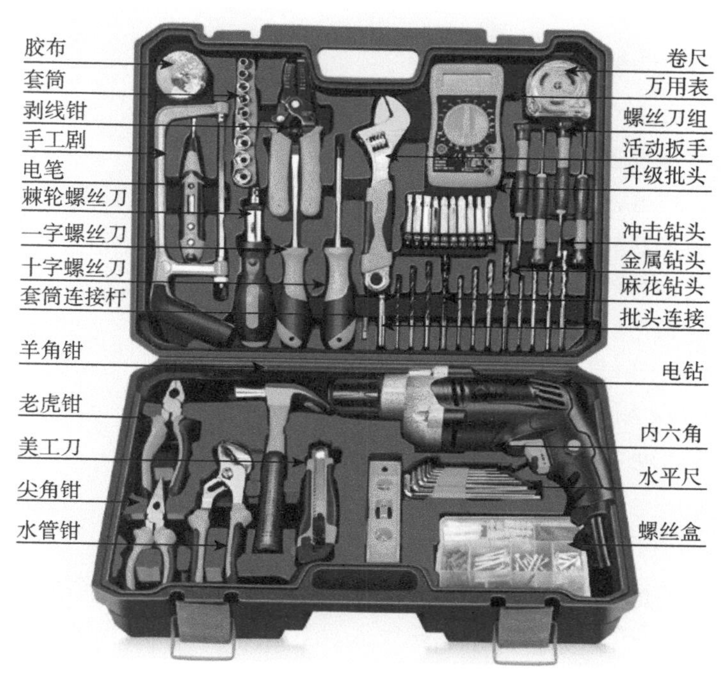

▲ 图 8-2　工具箱

8.1.2　无人机的飞行清单

我们使用无人机进行航空飞行摄影前，需要有一个飞行清单，也就是飞行前的一系列检查操作，以确保无人机的安全飞行。建议大家将下面内容进行拍照，然后存在手机里，飞行时拿出来看看，一一对照。

1. 检查飞行的环境

① 今天的天气是否适合航拍，天空是否晴朗，是否有云，风速如何？

② 飞行的区域是否属于禁飞区，是否属于人群密集区？

③ 附近是否有政府大楼？

④ 起飞的地点是否有铁栏杆，是否有信号塔？

⑤ 起飞的上空是否有电线、建筑物、树木或者其他遮挡物？

2. 检查无人机设备

① 检查机身是否有裂纹或损伤？

② 检查机身上的螺旋桨是否拧紧？

③ 检查电池是否安紧？是否充满电？备用电池有没有在包里？

④ 遥控器和手机是否已充满电？

⑤ 内存卡是否已安装在无人机上，卡里是否还有存储空间？有没有带上备用 SD 卡。

⑥ 根据拍摄内容的多少，是否有必要带上充电宝？

3. 飞行前的检查清单

① 将无人机放在干净、平整的地面上起飞。

② 取下相机的保护罩，确保相机镜头的清洁。

③ 首先开启遥控器，然后开启无人机。

④ 正确连接遥控器与手机。

⑤ 校准指南针信号和 IMU（惯性测量单元）。

⑥ 等待全球定位系统锁定。

⑦ 检查 LED 显示屏是否正常。

⑧ 检查 DJI GO 4 APP 启动是否正常，图传画面是否正常。

如果一切正常，就可以开始起飞了。

8.1.3 素材的拍摄清单，你要拍摄哪些内容

素材的拍摄清单是指拍摄计划表，导演在拍电影前，也会有一个拍摄计划表，这样才不至于将无人机飞到空中后，不知道要拍什么。下面列出相关的素材拍摄清单：

① 你准备要拍什么？拍哪个对象？往哪个方向进行拍摄？

② 你准备在什么时间拍摄：早晨，上午，中午，下午，还是晚上？

③ 使用无人机是准备拍照片，还是拍视频，还是拍延时视频？

④ 准备拍摄多少张照片？多少段视频？

⑤ 准备拍摄照片的像素是多少？视频的尺寸是多少？

⑥ 你要运用哪些模式进行拍摄？如单拍，连拍，夜景拍摄，全景拍摄，竖幅拍摄？

当以上问题你都非常清楚了，再开始飞行无人机，有目的地去飞行与拍摄，这样效率会高很多，至少你知道自己的拍摄目的是什么。很多新手在刚开始飞行无人机的时候，只想着先把无人机飞上去，看看传送回来的图传界面有没有美景，再想想要拍什么，这个时候会浪费思考的时间，无人机电池的电量也有限，就很难拍摄出理想的画面。

8.1.4 夜晚的拍摄，需要白天踩点

如果用户准备夜晚飞行无人机，那么白天的时候一定要去踩点，这样做的目的是为了更安全地飞行无人机。因为夜晚受光线的影响，视线会受阻碍，天空中是什么样我们根本看不清楚，我们不知道要飞行的区域上空有没有电线，有没有障碍物或高大建筑等，这些只有白天的时候才看得清楚。因此，白天踩点可以帮助用户更好地规划行程和飞行路线，给无人机创造一个安全的飞行环境。

8.2　起飞步骤是安全起飞的前提

起飞无人机之前，我们要掌握安全起飞的步骤，比如准备好遥控器和飞行器，校准无人机 IMU 与指南针的信息，保证无人机安全起飞。

8.2.1　准备好遥控器和摇杆

在飞行无人机之前，我们首先要准备好遥控器，请按以下顺序进行操作，正确展开遥控器，并连接好手机移动设备。

Step 01 将遥控器从背包中取出来，如图 8-3 所示。

Step 02 以正确的方式展开遥控器的天线，确保两根天线的平衡，如图 8-4 所示。

▲ 图 8-3　将遥控器从背包中取出来

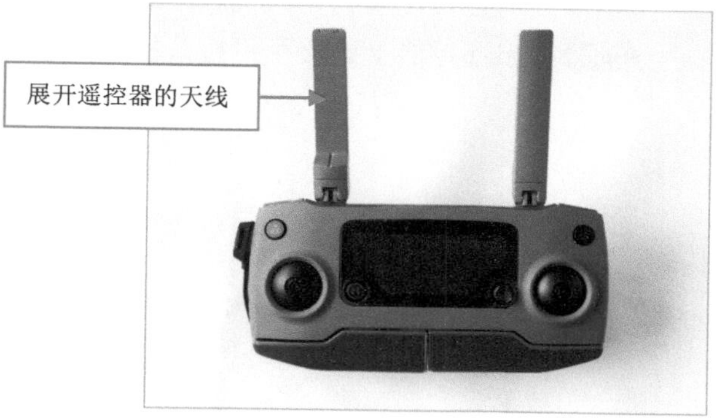

▲ 图 8-4　展开遥控器的天线

Step 03 将遥控器下方的两侧手柄平稳地展开，如图 8-5 所示。

Step 04 取出左侧的遥控器操作杆，通过旋转的方式拧紧，如图 8-6 所示。

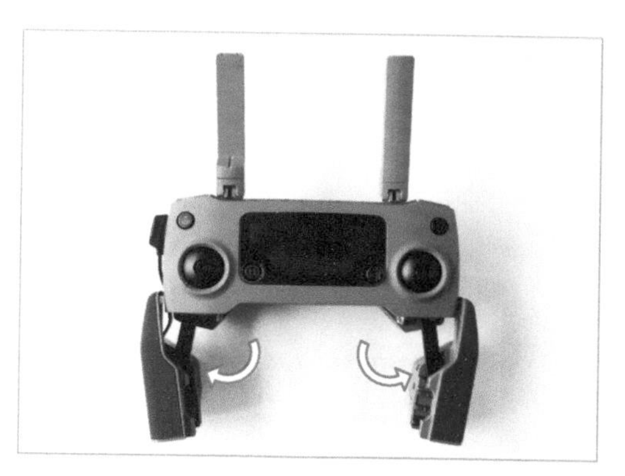

▲ 图 8-5　平稳地展开两侧手柄

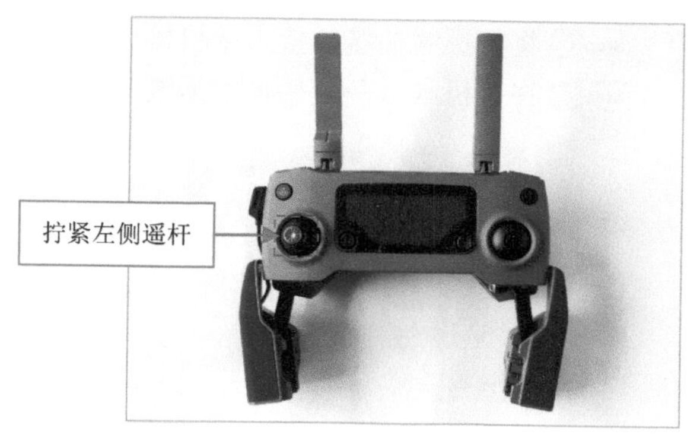

▲ 图 8-6　拧紧左侧的遥杆

Step 05 取出右侧的遥控器操作杆，通过旋转的方式拧紧，如图 8-7 所示。

Step 06 开启遥控器，先短按一次遥控器电源开关，然后长按 3 秒，松手后，即可开启遥控器的电源，此时遥控器在搜索无人机，如图 8-8 所示。

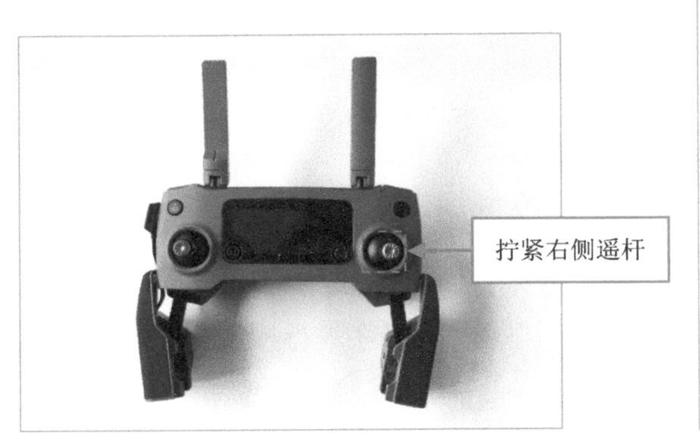

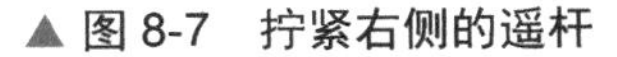
▲ 图 8-7　拧紧右侧的遥杆

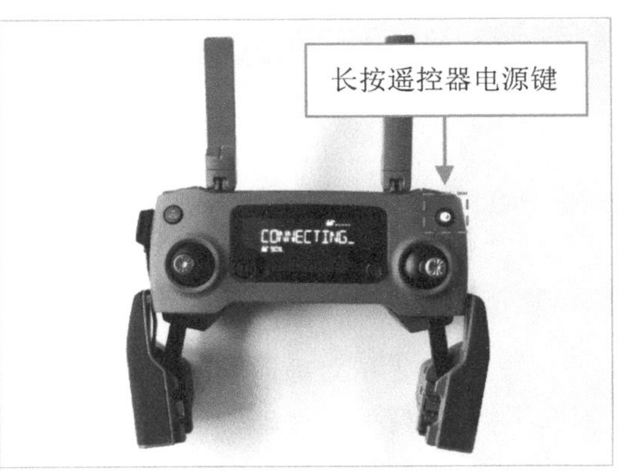

▲ 图 8-8　开启遥控器电源开关

Step 07 当遥控器搜索到无人机后，即可显示相应的状态屏幕，如图 8-9 所示。

Step 08 找出遥控器上连接手机接口的数据线，如图 8-10 所示。

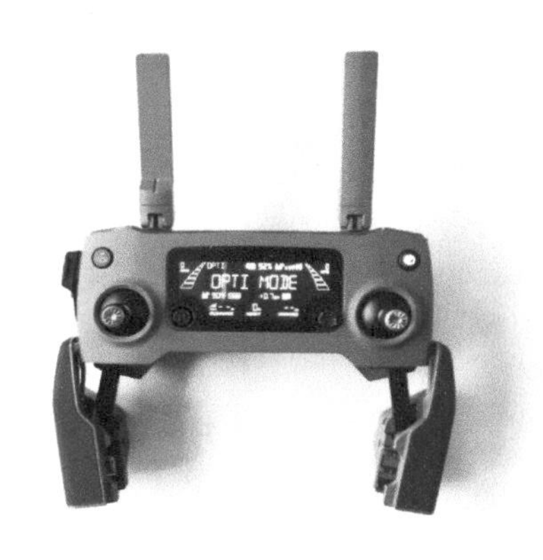

▲ 图 8-9　显示相应的状态屏幕

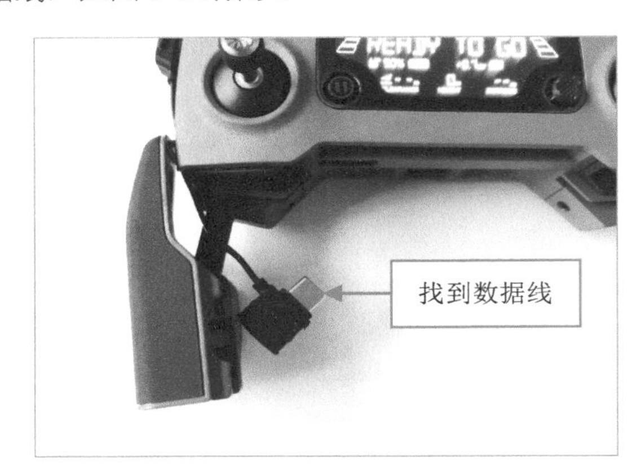

▲ 图 8-10　找出遥控器上的数据线

Step 09 将数据线的接口接入手机接口中，进行正确连接，如图 8-11 所示。

Step 10 将手机卡入两侧手柄的插槽中，卡紧稳固，如图 8-12 所示，即可准备好遥控器。

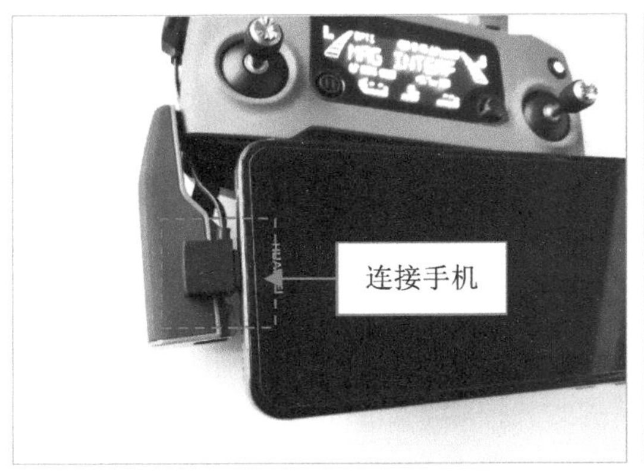

▲ 图 8-11　将数据线的接口接入手机接口中

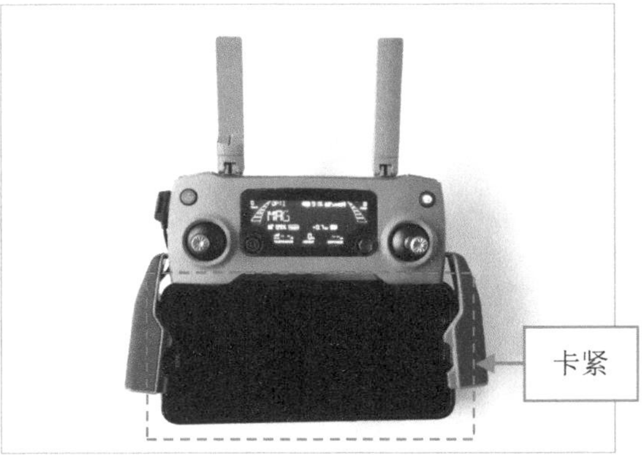

▲ 图 8-12　将手机卡入两侧手柄的插槽中

☆专家提醒☆

如果是全新的无人机，当用户首次使用 DJI GO 4 APP 时，需要激活才能使用，激活时请确保手机已经接入互联网。

8.2.2　准备好无人机，拨开螺旋桨

当我们准备好遥控器后，需要准备好无人机，请按以下顺序展开无人机的机臂，并安装好螺旋桨和电池，具体步骤和流程如下：

Step01 将无人机从背包中取出来，平整地摆放在地上，如图 8-13 所示。

▲ 图 8-13　将无人机平整地摆放在地上

Step02 将云台相机的保护罩取下来，底端有一个小卡口，轻轻往里按一下，保护罩就会被取下来，如图 8-14 所示。

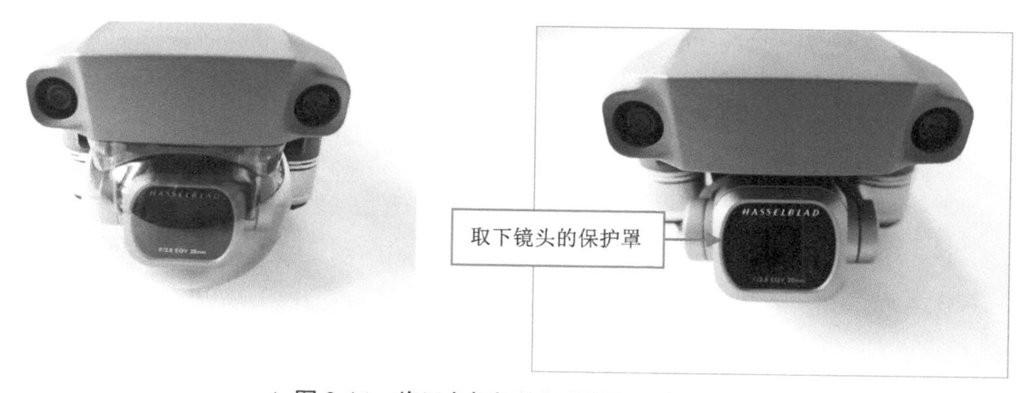

▲ 图 8-14　将云台相机的保护罩取下来

Step03 将无人机的前臂展开，如图 8-15 所示，图中注明了前臂的展开方向，外往展开前臂的时候，动作一定要轻，太过用力可能会掰断无人机的前臂。

Step04 用同样的方法，将无人机的另一只前臂展开，如图 8-16 所示。

Step05 通过往下旋转展开的方式，展开无人机的后机臂，如图 8-17 所示。

Step06 安装好无人机的电池，两边有卡口按钮，按下去并按紧，如图 8-18 所示。

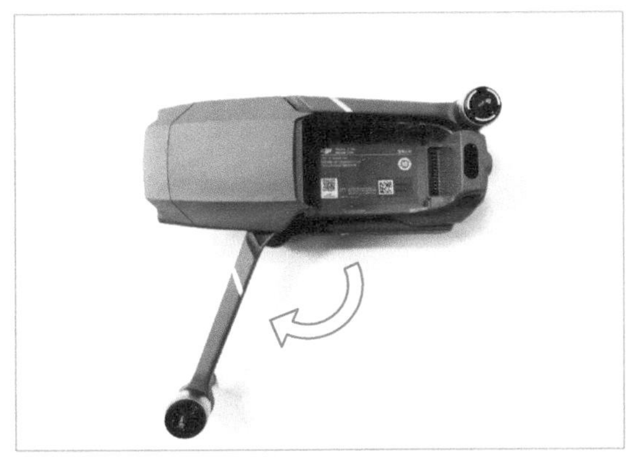

▲ 图 8-15　将无人机的前臂展开

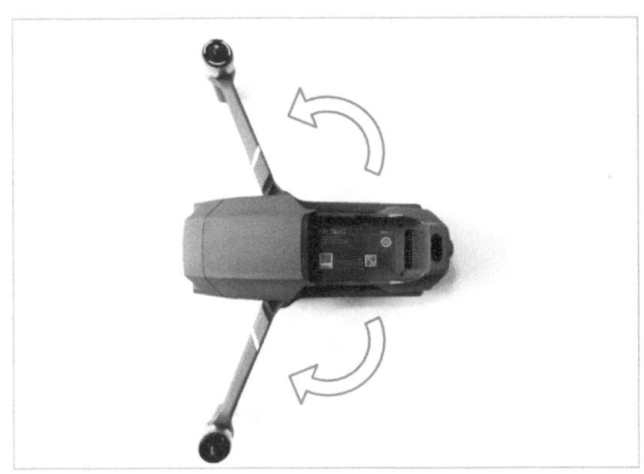

▲ 图 8-16　将无人机的另一只前臂展开

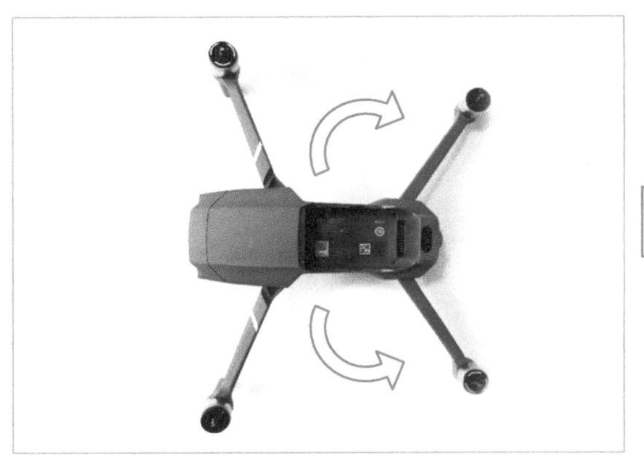

▲ 图 8-17　展开无人机的后机臂

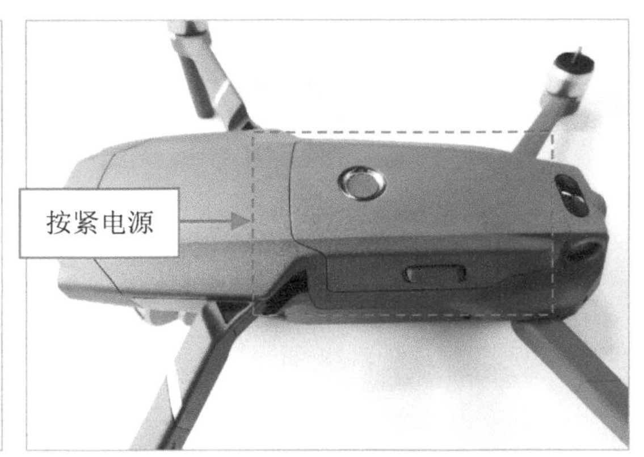

▲ 图 8-18　安装好无人机的电池

Step 07 展开无人机的前机臂和后机臂，并安装好电池后，整体效果如图 8-19 所示。

Step 08 安装螺旋桨，将桨叶安装卡口对准插槽位置，如图 8-20 所示。

▲ 图 8-19　无人机整体效果

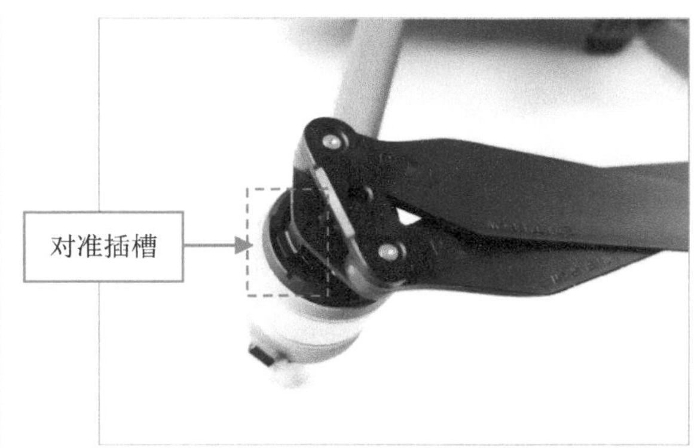

▲ 图 8-20　将桨叶安装卡口对准插槽

Step 09 轻轻按下去，并旋转拧紧螺旋桨，如图 8-21 所示。

Step 10 用同样的方法，旋转拧紧其他的螺旋桨，整体效果如图 8-22 所示。

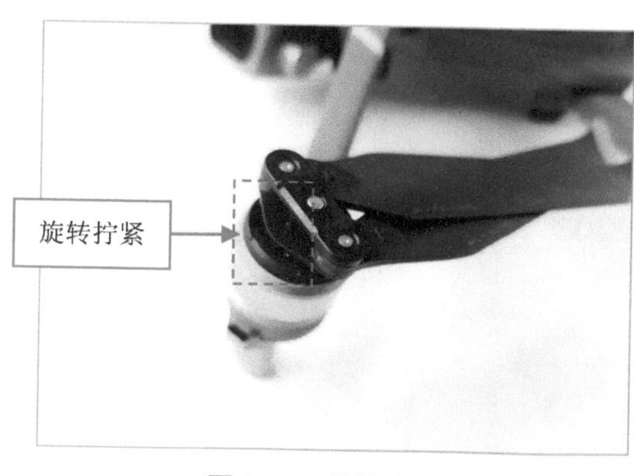

▲ 图 8-21　旋转拧紧螺旋桨

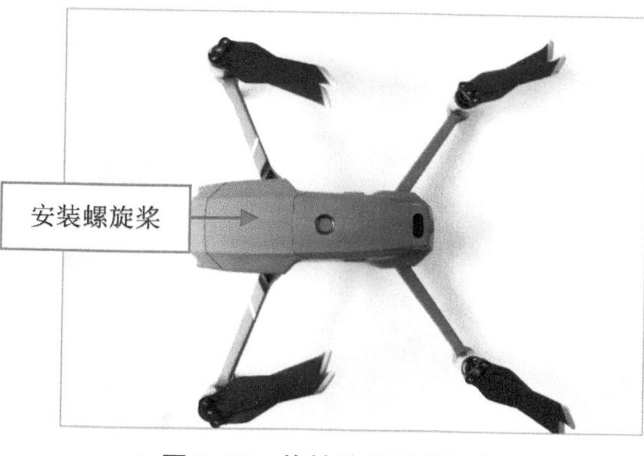

▲ 图 8-22　旋转拧紧其他的螺旋桨

Step 11 短按电池上的电源开关键，再长按3秒，松手后即可开启无人机的电源，如图 8-23 所示，此时指示灯上亮了 4 格电，表示无人机的电池是充满电的状态。

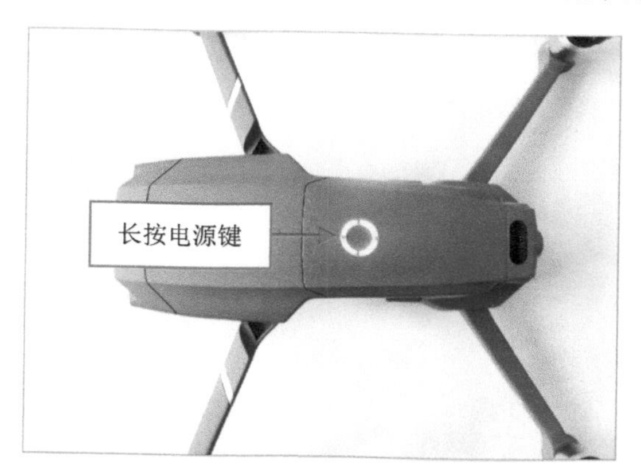

▲ 图 8-23　开启无人机的电源

☆专家提醒☆

在无人机上，短按一次电源开关键，可以看到电池还剩下几格电量。当需要关闭无人机时，依然是先短按一次电源开关键，再长按 3 秒，松手后即可关闭无人机。

8.2.3　校准无人机 IMU 与指南针是否正常

当我们每次需要飞行的时候，都要先校准 IMU 和指南针，确保罗盘的正确是非常重要的一步，特别是每当我们去一个新的地方开始飞行的时候，一定要记得先校准指南针，然后再开始飞行，这样有助于无人机在空中的飞行安全。下面介绍校准 IMU 和指南针的操作方法。

Step 01 当我们开启遥控器，打开 DJI GO 4 APP，进入飞行界面后，如果 IMU 惯性测量单元和指南针没有正确运行，此时系统在状态栏中会有相关的提示信息，如图 8-24 所示。

Step 02 点击状态栏中的“指南针异常……”提示信息，进入“飞行器状态列表”界面，如图 8-25 所示，其中“模块自检”显示为“固件版本已是最新”，表示固件无须升级，但是下方的指南针异常，系统提示飞行器周围可能有钢铁、磁铁等物质，请带着无人机远离这些有干扰的环境，然后点击右侧的“校准”按钮。

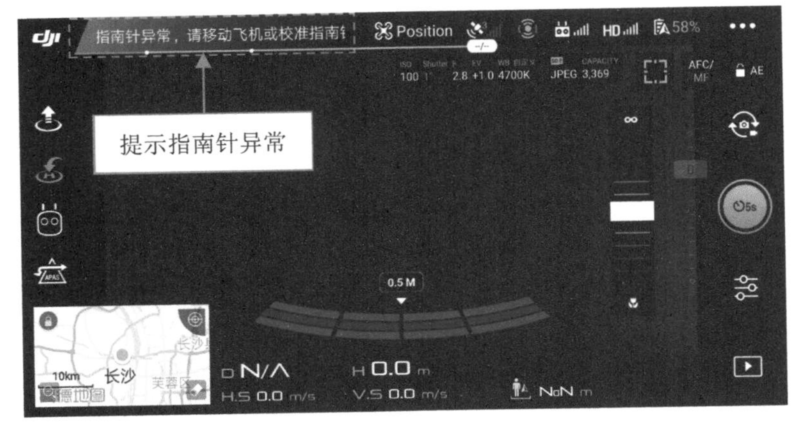

▲ 图 8-24　系统在状态栏中提示指南针异常

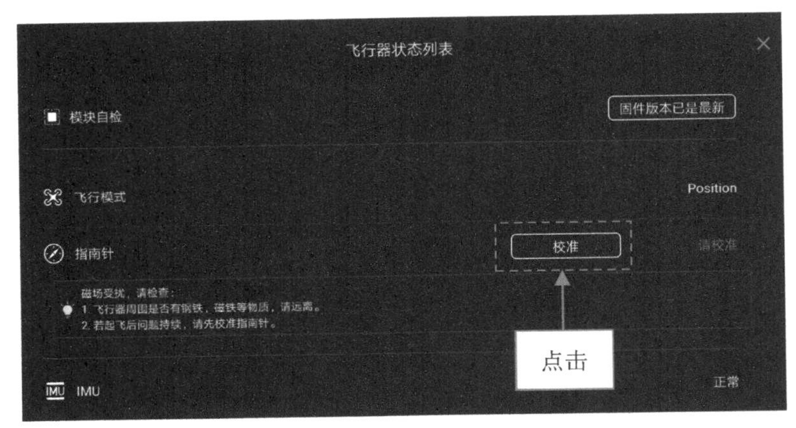

▲ 图 8-25　点击右侧的“校准”按钮

Step 03 弹出信息提示框，点击“确定”按钮，如图 8-26 所示。

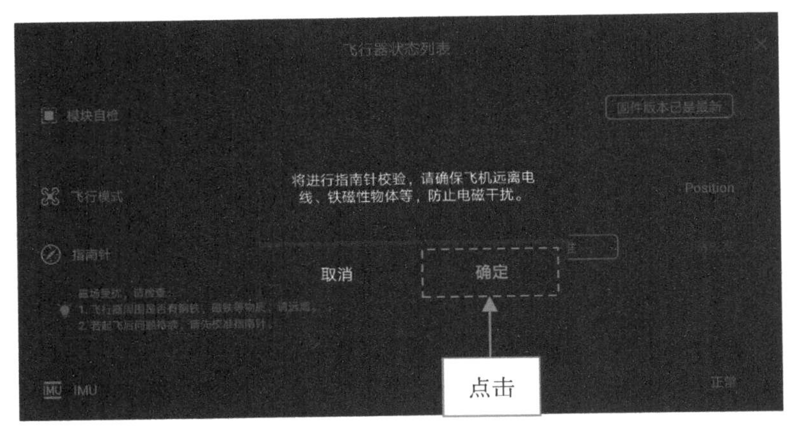

▲ 图 8-26　点击“确定”按钮

Step 04 进入校准指南针模式，请按照界面提示水平旋转无人机 360°，如图 8-27 所示。

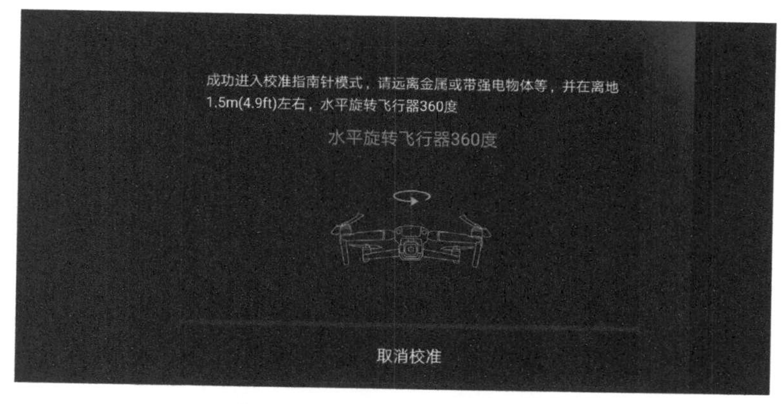

▲ 图 8-27　水平旋转无人机 360°

Step 05 水平旋转完成后，界面中继续提示用户请竖直旋转无人机 360°，如图 8-28 所示。

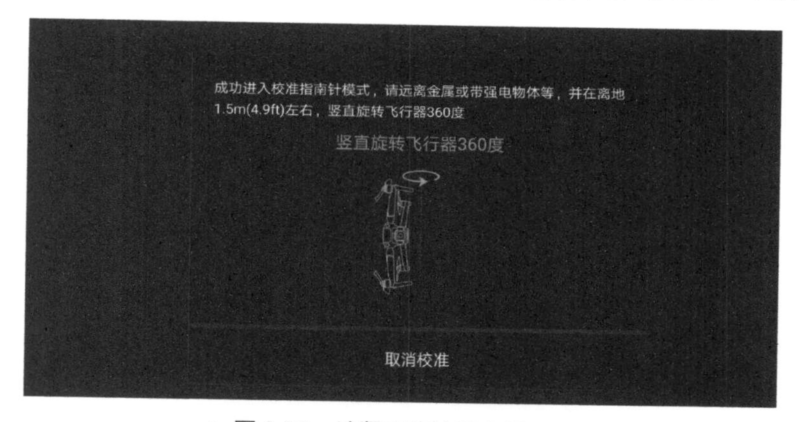

▲ 图 8-28　请竖直旋转无人机 360°

Step 06 当用户根据界面提示信息进行正确操作后，手机屏幕上将弹出提示信息框，提示用户指南针校准成功，点击"确认"按钮，如图 8-29 所示。

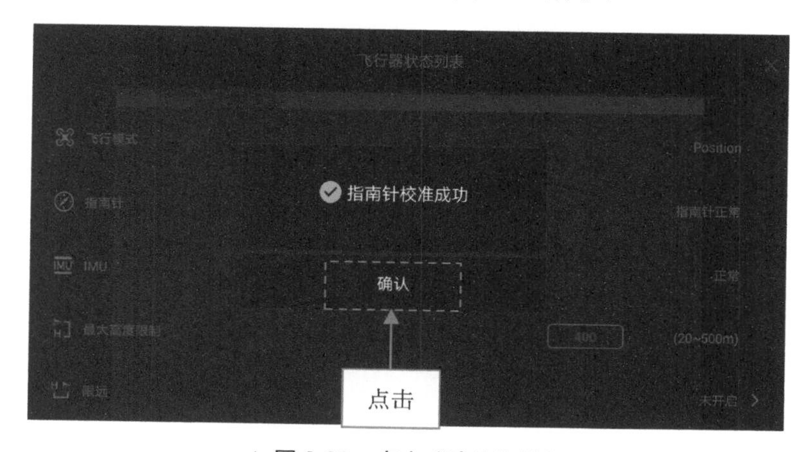

▲ 图 8-29　点击"确认"按钮

Step 07 完成指南针的校准操作后返回“飞行器状态列表”界面，此时“指南针”选项右侧将显示“指南针正常”的信息，下方的IMU右侧也显示为“正常”，如图8-30所示。

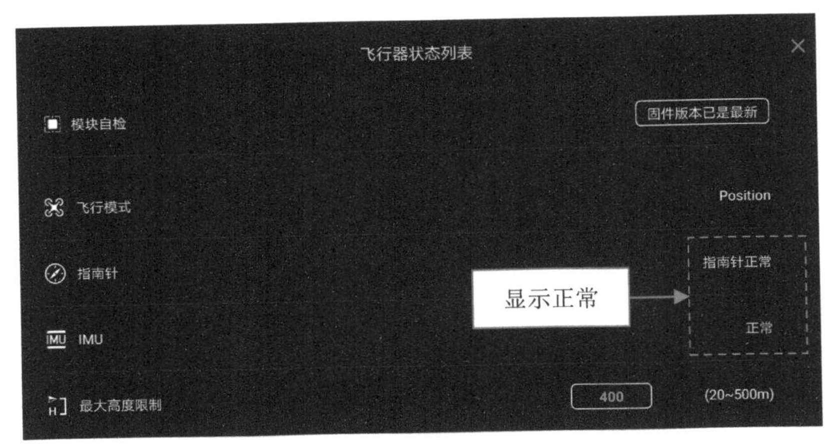

▲ 图8-30 完成指南针的校准操作

当用户根据上述界面中的一系列操作，对无人机进行水平和竖直旋转360°后，如果手机屏幕中继续弹出“指南针校准失败”的提示信息，如图8-31所示，这说明用户所在的位置磁场确实过强，对无人机的干扰很严重。请带着无人机远离目前所在位置，再找一个无干扰的环境，继续校准指南针。

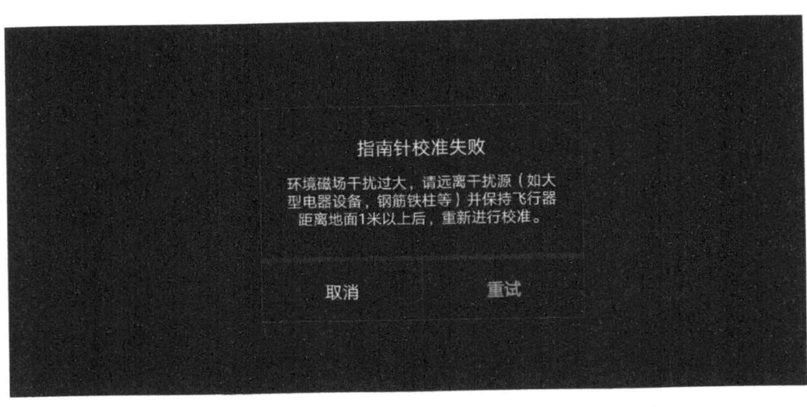

▲ 图8-31 弹出“指南针校准失败”的提示信息

☆专家提醒☆

当DJI GO 4 APP状态栏显示“指南针异常……”的信息时，此时无人机上将亮起黄灯，并且会不停地闪烁；当用户校准无人机的指南针后，黄灯将变为绿灯。

8.3 检查设备，确保无人机状况正常

在飞行无人机之前，还要检查无人机设备是否能正常使用，比如检查SD卡是否有足

够的存储空间、检查无人机机身是否正常、检查飞机与遥控器的电量是否充足等，保证无人机的安全飞行与正常使用。

8.3.1　检查 SD 卡是否有空间或者已放入无人机

外出拍摄前，一定要检查无人机中的 SD 卡是否有足够的存储空间，这个也是非常重要的，以免到了拍摄地点，看到那么多美景，却拍不下来，是很痛苦的。如果再跑回家将 SD 卡的容量腾出来，再出来拍摄，不但时间过去了，而且来回跑确实辛苦、折腾，拍摄的热情和激情也过去了，结果往往是没心情再拍出理想的片子。

笔者刚开始飞行无人机的时候，有一次外出拍照，就忘记带 SD 卡了，等将无人机飞到空中的时候，按下拍照键，发现照片拍不下来，提示没有可存储的设备，一检查才发现无人机上的 SD 卡被自己取出来放在家里了，最后只能把飞机再飞下来，回家取了 SD 卡再重新飞上去拍照，着实有点浪费时间。所以，大家以后在拷贝 SD 卡中的素材时，拷完了立马将 SD 卡放回无人机设备中，免得忘记了。

如果用户将无人机中的 SD 卡取出来了，飞行界面上方会提示“SD 卡未插入”的信息，如图 8-32 所示，看到这个信息后，用户就知道无人机中并没有 SD 卡了。

▲ 图 8-32　提示“SD 卡未插入”的信息

8.3.2　检查无人机机身是否正常

无人机起飞前，先检查好机身是否正常，各部件有没有松动的情况，螺旋桨有没有松动或者损坏，插槽是否卡紧了。图 8-33 所示的螺旋桨是松动的，没有卡紧；图 8-34 所示的螺旋桨是卡紧的、正确的。

无人机一共有 4 个螺旋桨，如果只有 3 个卡紧了，有一个是松动的，那么飞行器在飞行的过程中很容易因为机身无法平衡，而造成炸机的结果。用户在安装螺旋桨的时候，一定要安装正确，按逆顺逆顺的安装原则：迎风面高的桨在左边，是逆时针；迎风面低的桨在右边，是顺时针。

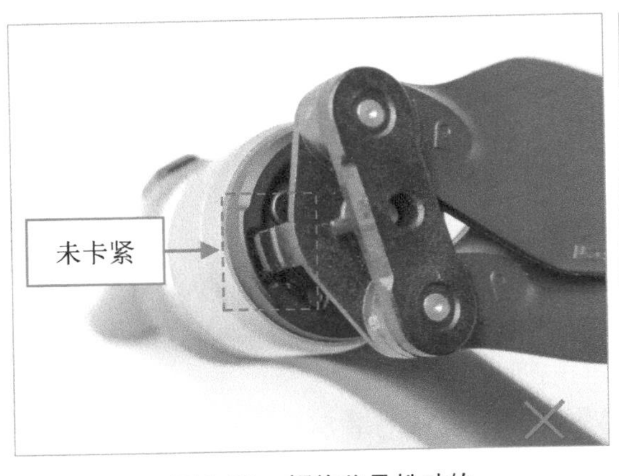

▲ 图 8-33　螺旋桨是松动的

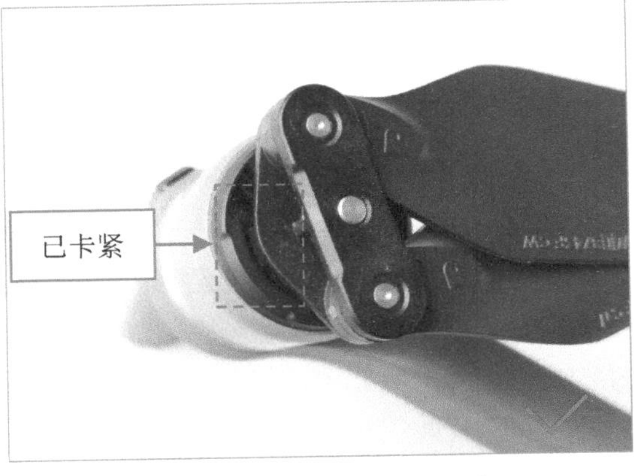

▲ 图 8-34　螺旋桨是卡紧的

电池的插槽是否卡紧，也需要仔细检查，否则会有安全隐患。图 8-35 所示为电池插槽没有卡紧的状态，电池凸起，不平整，中间缝隙很大；图 8-36 所示为电池的正确安装效果。

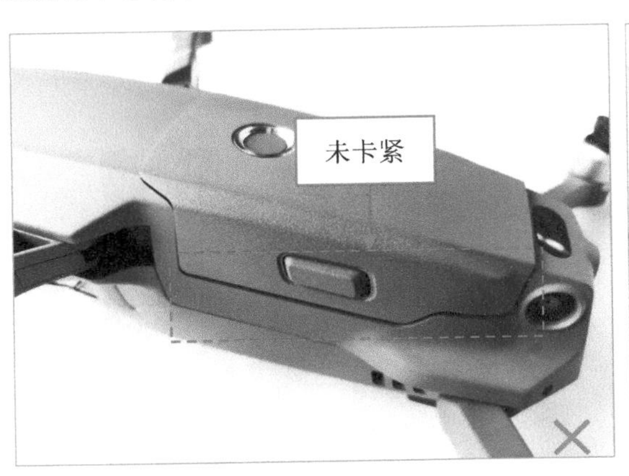

▲ 图 8-35　电池插槽没有卡紧的状态

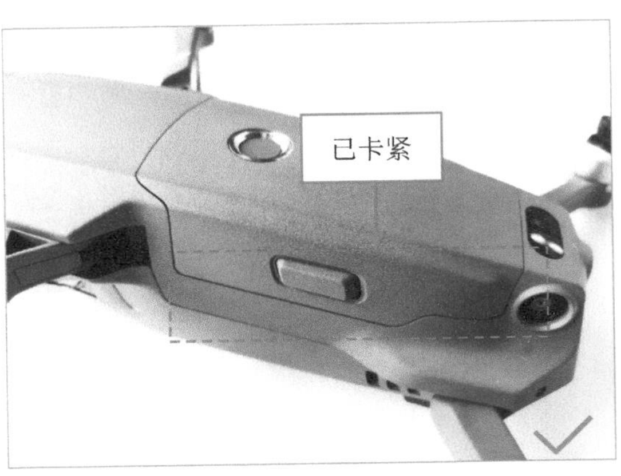

▲ 图 8-36　电池的正确安装效果

当我们将无人机放置在水平起飞位置后，应取下云台的保护罩，然后再按下无人机的电源按钮，开启无人机。图 8-37 所示为云台保护罩未取下的状态，图 8-38 所示为云台保护罩取下后的状态。

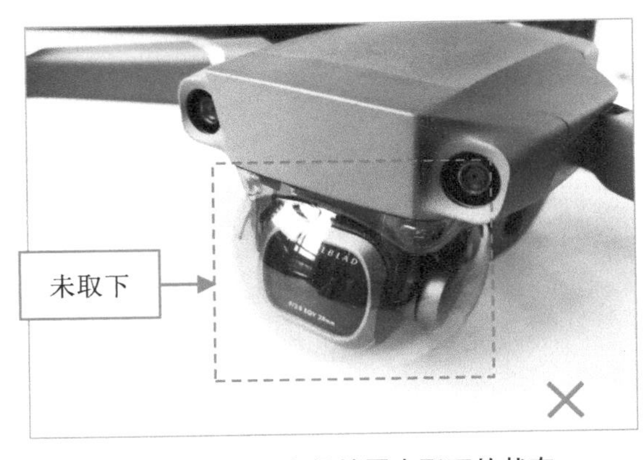

▲ 图 8-37　云台保护罩未取下的状态

▲ 图 8-38　云台保护罩取下后的状态

☆专家提醒☆

有些用户将无人机飞到天空中，才发现没有取下云台保护罩，这样对于云台的相机是有磨损的，因为无人机开启电源后，相机镜头会自动进行旋转和检测，如果云台保护罩没有取下来，镜头就不能进行旋转自检。

8.3.3　检查飞机与遥控器的电量是否充足

飞行之前，一定要提前检查无人机的电池、遥控器的电池以及手机是否充满电，以免到了拍摄地点后，到处找充电的地方，这是非常麻烦的事情。而且，无人机的电池弥足珍贵，一块满格的电池只能用 30 分钟左右，如果无人机只有一半的电量，还要留 25% 的电量返航，那飞上去基本也拍不了什么东西了。

当我们难得发现一个很美的景点可以航拍，然后驱车几个小时到达，却发现无人机忘记充电了，这是一件非常痛苦的事。在这里，建议有车一族车上备一个车载充电器，这样就算电池用完了，也可以在车上边开车边充电，及时解决了充电的问题和烦恼。大疆原装的车载充电器要 300 多元，普通品牌的车载充电器也只需要几十元，非常划算，如图 8-39 所示。

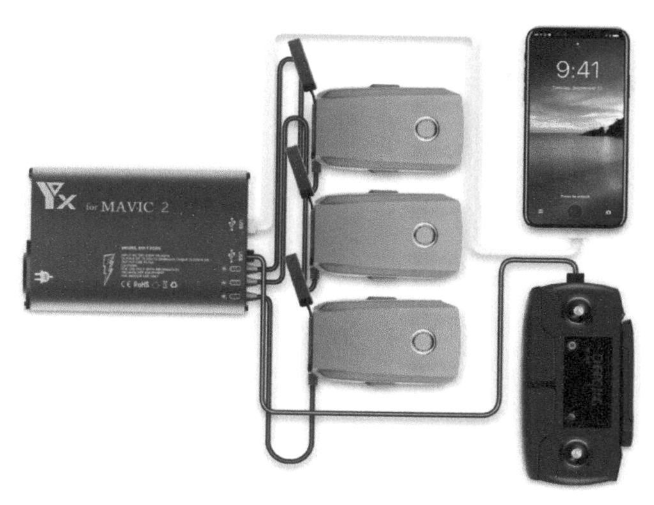

▲ 图 8-39　车载充电器

☆专家提醒☆

如果在购买无人机的时候，买了一个全能配件包，那么配件包里面会有一个车载充电器，就不需要再单独购买了。

如果是安卓系统的手机，当遥控器与手机进行连接时，遥控器会自动给手机进行充电，如果手机不是满格电，这时遥控器的电量就会消耗得比较快，因为它一边要给手机充电，与手机进行图传信息的接收和发送，还要控制无人机进行飞行。如果遥控器没电了，无人机在空中就比较危险了。所以，建议用户飞行无人机之前，将手机的电也要充满。

8.4 起飞与降落，这些方法要记住

无人机在起飞与降落的过程中是最容易发生事故的，所以我们要熟练掌握无人机的起飞与降落操作，主要包括手动起飞降落与自动起飞降落等。

8.4.1 手动起飞，飞行高度可以自由控制

当我们准备好遥控器与无人机后，开始学习如何手动起飞无人机。

Step 01 在手机中，打开 DJI GO 4 APP，进入 APP 启动界面，如图 8-40 所示。

Step 02 稍等片刻，进入 DJI GO 4 APP 主界面，左下角提示设备已经连接，点击右侧的“开始飞行”按钮，如图 8-41 所示。

▲ 图 8-40 进入 APP 启动界面

▲ 图 8-41 点击“开始飞行”按钮

Step 03 进入 DJI GO 4 飞行界面，当用户校正好指南针后，状态栏中将提示“起飞准备完毕（GPS）”的信息，表示无人机已经准备好，随时可以起飞，如图 8-42 所示。

▲ 图 8-42 提示“起飞准备完毕（GPS）”的信息

Step 04 通过拨动操作杆的方向来启动电机，可以将两个操作杆同时往内掰，或者同时往外掰，如图 8-43 所示，即可启动电机，此时螺旋桨启动，开始旋转。

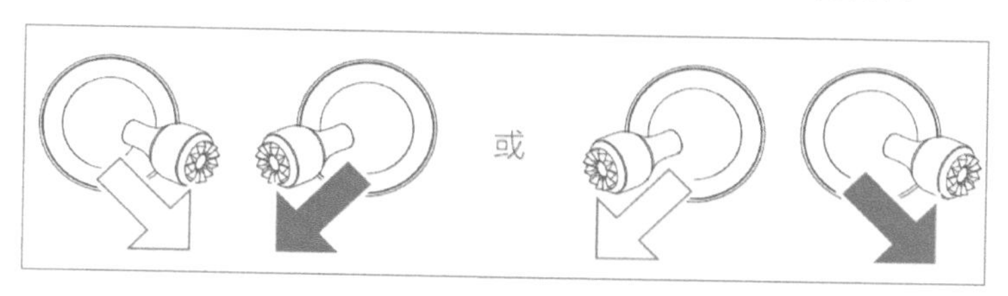

▲ 图 8-43　将两个操作杆同时往内掰或者同时往外掰

Step 05 我们开始起飞无人机，将左遥杆缓慢向上推，如图 8-44 所示，无人机即可起飞，慢慢上升，当我们停止向上推动时，无人机将在空中悬停。这样，我们就可以正确安全地起飞无人机了。

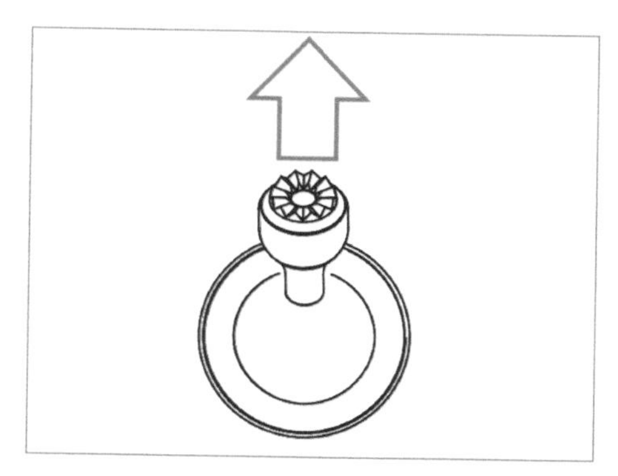

▲ 图 8-44　将左遥杆缓慢向上推

8.4.2　手动降落，遇到障碍物可及时避开

当我们飞行完毕后，要开始下降无人机时，可以将左遥杆缓慢向下推，如图 8-45 所示，无人机即可缓慢降落。

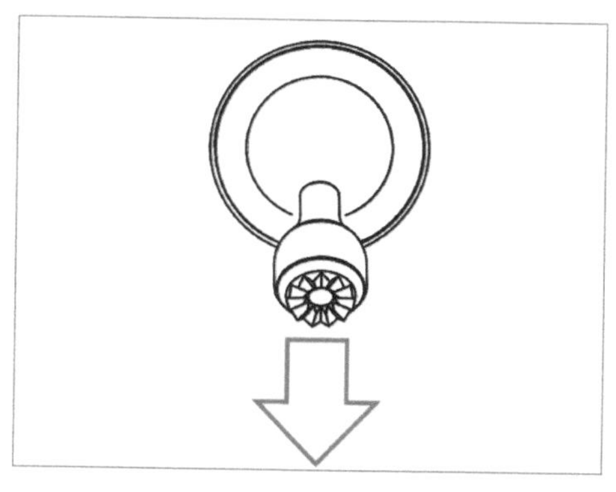

▲ 图 8-45　将左遥杆缓慢向下推

当无人机降落至地面后，可以通过两种方法停止电机的运转：一种是将左遥杆推到最低的位置，并保持3秒后，电机停止；第二种方法是执行掰杆动作，将两个操作杆同时往内掰，或者同时往外掰，如图8-46所示，电机即可停止。

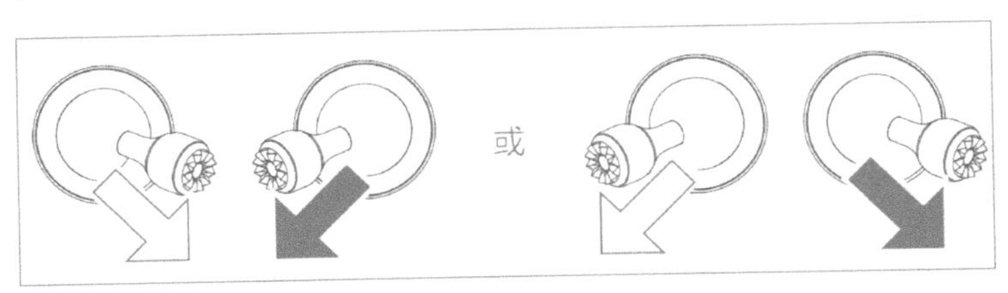

▲ 图8-46　将两个操作杆同时往内掰或者同时往外掰

☆专家提醒☆

在下降的过程中，一定要盯紧无人机，并将无人机降落在一片平整、干净的区域，下降的地方不能有人群、树木以及杂物等，特别要防止小孩靠近。在遥控器遥杆的操作上，启动电机和停止电机的操作方式是一样的。

8.4.3　自动起飞，一键操作，简单、轻松

使用“自动起飞”功能可以帮助用户一键起飞无人机，既方便又快捷。下面介绍自动起飞无人机的操作方法。

Step01 将无人机放在水平地面上，依次开启遥控器与无人机的电源，当左上角状态栏显示“起飞准备完毕（GPS）”的信息后，点击左侧的“自动起飞”按钮，如图8-47所示。

▲ 图8-47　点击“自动起飞”按钮

Step02 执行操作后，弹出提示信息框，提示用户是否确认自动起飞，根据提示向右滑动起飞，如图8-48所示。

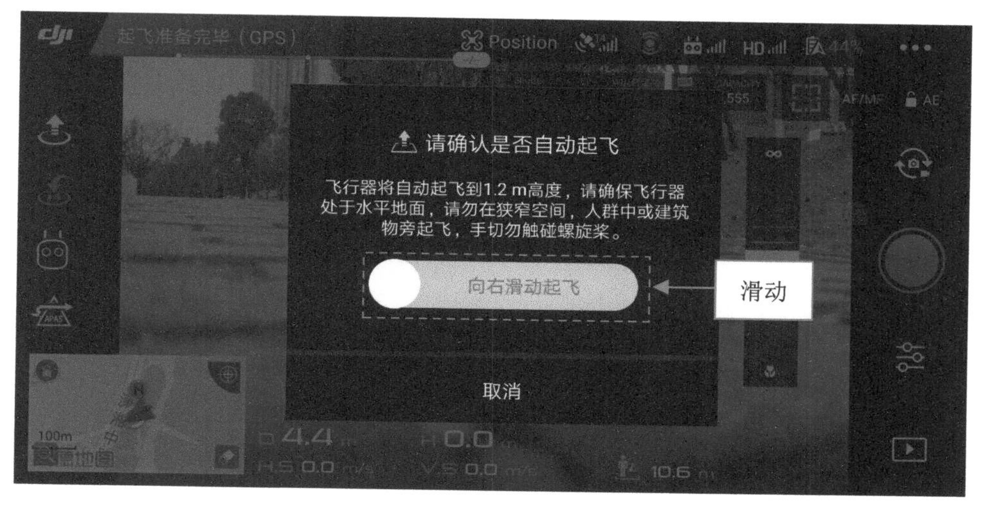

▲ 图 8-48　根据提示向右滑动起飞

Step 03 此时，无人机即可自动起飞，当无人机上升到 1.2m 的高度后，将自动停止上升，需要用户轻轻地向上拨动左遥控，无人机继续上升，状态栏显示“飞行中（GPS）”的提示信息，表示飞行状态安全，如图 8-49 所示。

▲ 图 8-49　继续将无人机向上升

8.4.4　自动降落，机器会自动关闭避障功能

使用“自动降落”功能可以自动降落无人机，在操作上也更加便捷，但在降落过程中用户要确保地面无任何障碍物，因为使用自动降落功能后，无人机的避障功能会自动关闭，无法自动识别障碍物。下面介绍自动降落无人机的操作方法。

Step 01 当用户需要降落无人机时，点击左侧的“自动降落”按钮，如图 8-50 所示。

Step 02 执行操作后，弹出提示信息框，提示用户是否确认自动降落操作，点击“确认”按钮，如图 8-51 所示。

▲ 图 8-50　点击“自动降落”按钮

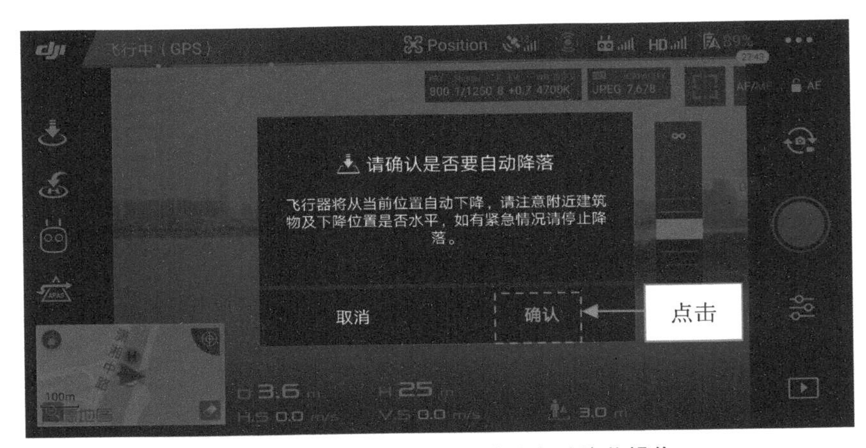

▲ 图 8-51　提示用户是否确认自动降落操作

Step 03 此时，无人机将自动降落，页面中提示“飞行器正在降落，视觉避障关闭”的提示信息，如图 8-52 所示，用户要保证无人机下降的区域内没有任何遮挡物或人，当无人机下降到水平地面上，即可完成自动降落操作。

▲ 图 8-52　无人机将自动降落

8.4.5　一键返航，最省时省力地找回飞机

当无人机飞得离我们比较远的时候，可以使用“自动返航”模式让无人机自动返航。这样操作的好处是比较方便，不用重复地拨动左右遥杆；而缺点是用户需要先更新返航地点，然后使用“自动返航”功能，以免无人机飞到其他地方去了。

下面介绍使用“自动返航”的操作方法。

Step 01 当无人机悬停在空中后，点击左侧的“自动返航”按钮，如图 8-53 所示。

▲ 图 8-53　点击左侧的“自动返航”按钮

Step 02 执行操作后，弹出提示信息框，提示用户是否确认返航操作，根据界面提示向右滑动返航，如图 8-54 所示。

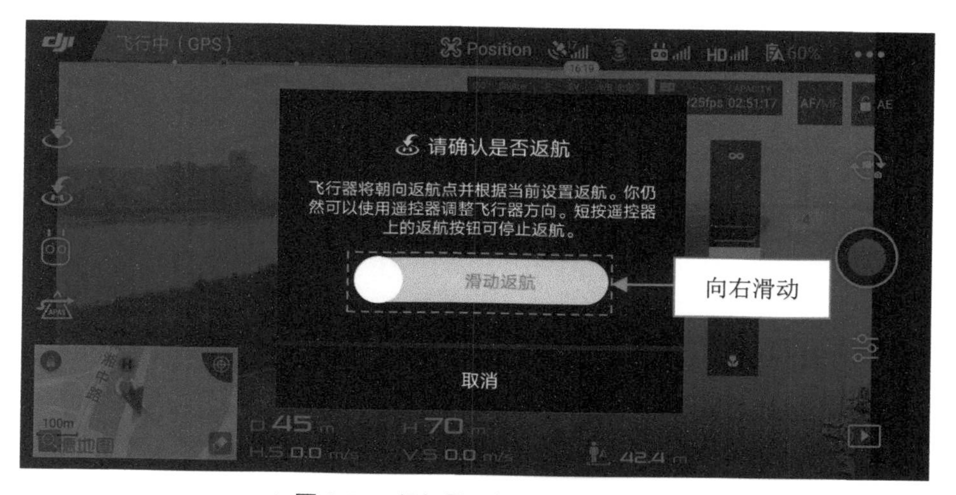

▲ 图 8-54　根据界面提示向右滑动返航

Step 03 执行操作后，界面左上角显示相应的提示信息，提示用户正在自动返航，如图 8-55 所示，稍候片刻，即可完成无人机的自动返航操作。

▲ 图 8-55　提示用户正在自动返航

8.4.6　紧急停机，遇到危险环境可急停

在飞行的过程中，如果空中突然出现了意外情况，需要紧急停机，此时可以按下遥控器上的“急停”按钮，如图 8-56 所示，无人机将立即悬停在空中不动，等环境安全了用户再继续进行飞行操作。

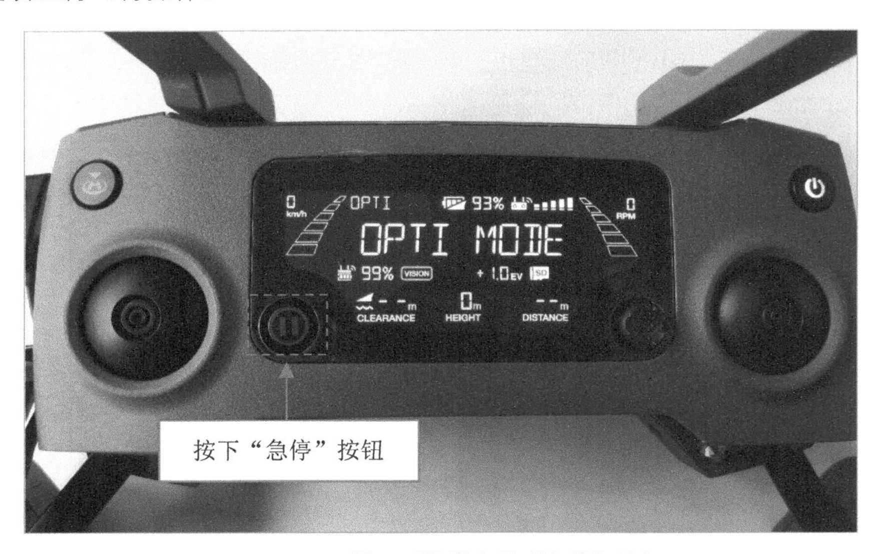

▲ 图 8-56　按下遥控器上的“急停”按钮

第 9 章

熟练飞行的动作助力空中摄影

学前提示

要想完全学会无人机的使用，就一定要从基本的飞行动作开始训练，这样才能保障飞行的安全性。本章开始介绍了六组最简单的飞行动作，包括向上飞行、向下降落、向前飞行、向后飞行、向左飞行、向右飞行；然后介绍了六组常用动作，包括原地转圈飞行、圆环飞行、方形飞行、8 字飞行、飞进飞出飞行和向上＋向前飞行，最后介绍了三组高级动作，希望用户熟练掌握无人机的飞行动作要领。

9.1 六组入门级飞行动作，适合新手

在空中进行复杂的航拍工作之前，首先要学会一些基本的入门级飞行动作，因为复杂的飞行动作也是由一个个简单的飞行动作所组成的，等用户熟练地掌握了这些简单的飞行动作之后，通过熟能生巧就可以在空中自由掌控无人机的飞行了。

9.1.1 向上飞行

向上飞行是指无人机开启后向上升，我们进行任何航拍工作之前，都必须先把无人机上升至高空中，才能进行相关的航拍工作。下面介绍向上飞行的具体操作方法。

Step 01 开启无人机后，将左侧的遥杆缓慢地往上推，如图 9-1 所示。

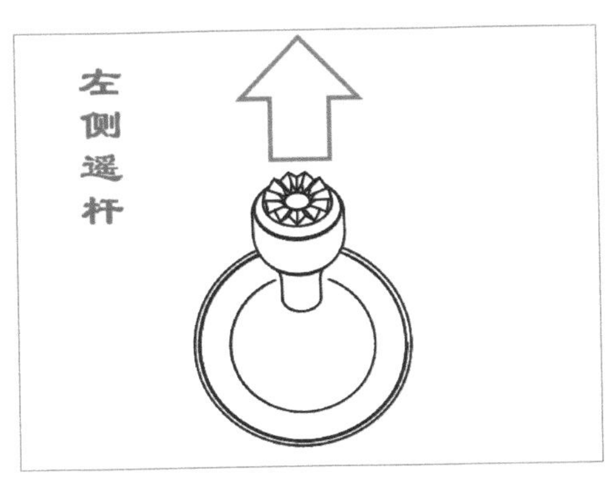

▲ 图 9-1 将左侧的遥杆缓慢往上推

Step 02 无人机将进行上升飞行，如图 9-2 所示，推杆的幅度小一点，缓一点，使无人机上升至空中，尽量避免无人机在地面附近盘旋。

▲ 图 9-2 无人机将进行上升飞行

Step 03 当无人机上升至一定高度后，松开左侧的遥杆，使其自动回正，此时无人机的飞行高度、旋转角度均保持不变，处于空中悬停的状态。

☆专家提醒☆

无人机在上升过程中，切记一定要在自己的可视范围内飞行，而且飞行高度不能超过 125 米，因为在超过 125 米的高空，我们已经看不见无人机的影子了。

9.1.2　向下降落

当无人机飞至高空后，开始练习下降无人机。下面介绍向下降落的具体方法。

Step 01 手持遥控器，将左侧的遥杆缓慢地向下推，如图 9-3 所示。

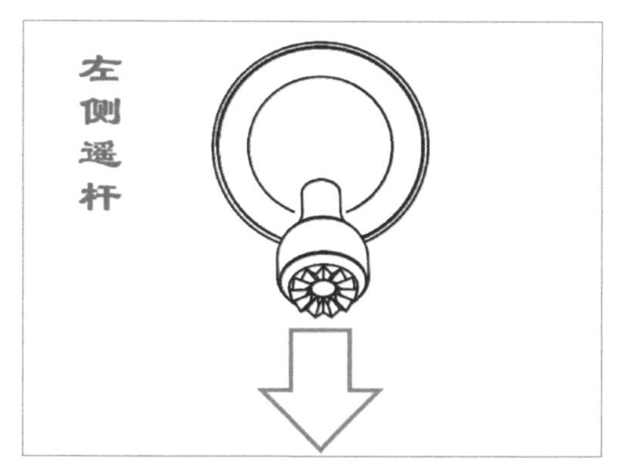

▲ 图 9-3　将左遥杆缓慢向下推

Step 02 执行操作后，无人机即可开始向下降落，如图 9-4 所示，下降时一定要慢，以免气流影响无人机的稳定性。

▲ 图 9-4　无人机开始向下降落

☆专家提醒☆

用户在下降无人机的过程中，如果看到了漂亮的美景，也可以停止下降操作，按下遥控器上的“对焦 / 拍照”按钮，即可拍照；如果按下遥控器上的“录影”按钮，即可拍摄视频。当拍摄完成后，将左侧的遥杆缓慢地往下推，继续下降飞行。

9.1.3 向前飞行

向前飞行是指直接向前飞行无人机。下面介绍向前飞行无人机的操作方法。

Step01 调整好镜头的角度，将右侧的遥杆缓慢地向上推，如图 9-5 所示。

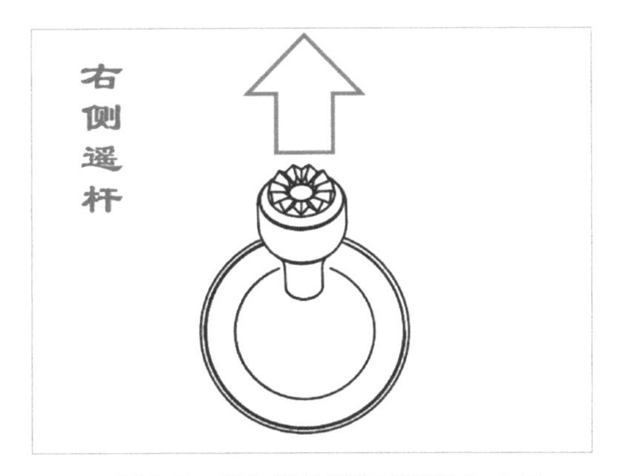

▲ 图 9-5 将右侧的遥杆缓慢地向上推

Step02 执行操作后，无人机即可向前飞行，如图 9-6 所示。

▲ 图 9-6 无人机向前飞行

9.1.4 向后飞行

如果用户想拍摄那种慢慢后退的镜头，就可以将无人机缓慢地向后飞行。下面介绍具体向后飞行的操作方法。

Step01 调整好镜头的角度，将右侧的遥杆缓慢地向下推，如图 9-7 所示。

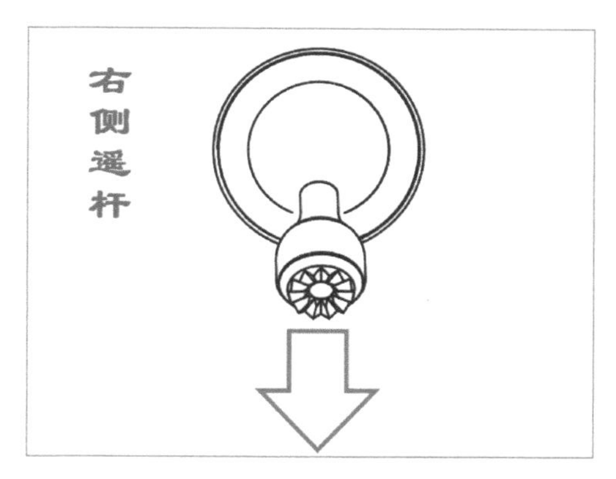

▲ 图 9-7　将右侧的遥杆缓慢地往下推

Step02 执行操作后，无人机即可向后倒退飞行，如图 9-8 所示，如果后退的无人机离用户越来越近，那么在视觉上会显得比较大。

▲ 图 9-8　无人机向后倒退飞行

☆专家提醒☆

向后倒退飞行无人机的过程中，一定要注意无人机后面是否有障碍物或者危险对象，因为倒退的过程中，无人机后面的情况是不知道了，我们只能凭肉眼去天空中观察。

9.1.5　向左飞行

向左飞行是指无人机向左方飞行。下面介绍向左飞行的操作方法。

Step01 调整好镜头的角度，将右侧的遥杆缓慢地向左推，如图 9-9 所示。

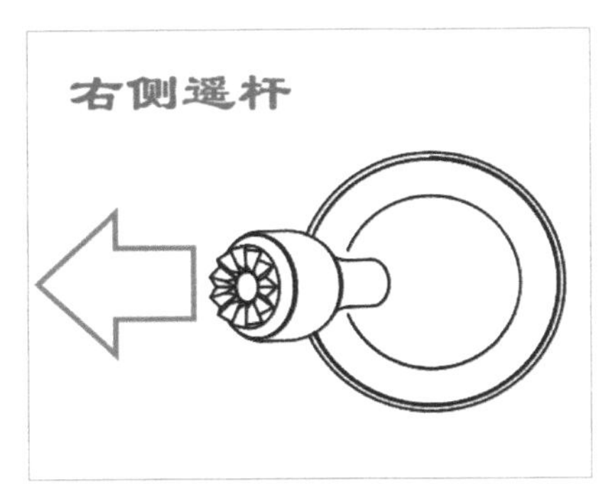

▲ 图 9-9　将右侧的遥杆缓慢地向左推

Step 02 执行操作后，无人机即可向左飞行，如图 9-10 所示。

▲ 图 9-10　无人机向左飞行

9.1.6　向右飞行

向右飞行是指无人机向右边的方向飞行，与向左飞行的方向刚好相反。下面介绍向右飞行无人机的操作方法。

Step 01 调整好镜头的角度，将右侧的遥杆缓慢地向右推，如图 9-11 所示。

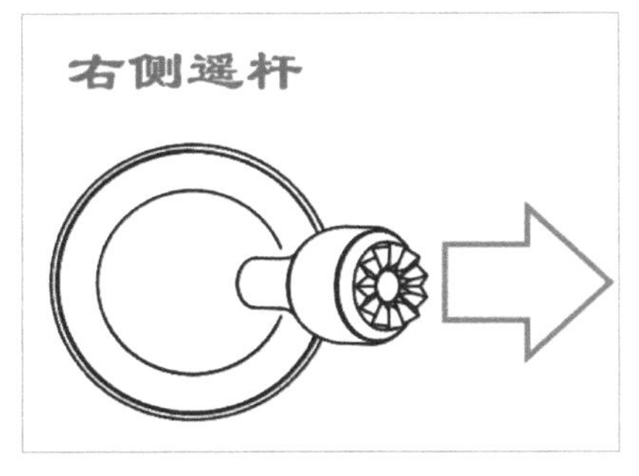

▲ 图 9-11　将右侧的遥杆缓慢地向右推

Step02 执行操作后，无人机即可向右飞行，如图 9-12 所示。

▲ 图 9-12　无人机向右飞行

9.2　六组常用飞行动作，可灵活控制

通过上面六组入门级飞行动作的训练，接下来我们学一些相对复杂的飞行动作，这些动作也是最常用的，能帮助用户更灵活地控制无人机的飞行。

9.2.1　原地转圈飞行

原地转圈又称为 360° 旋转，是指当无人机飞到高空后，可以进行 360° 的原地旋转，看看哪个方向的景色更美，再往相应的地点飞行，也可以在高空进行 360° 的俯拍。360° 旋转无人机的方法很简单，主要分为两种：一种是从左向右旋转；一种是从右向左旋转。下面介绍具体的飞行方法。

Step01 当无人机处于高空中，将左侧的遥杆缓慢地向左推，如图 9-13 所示。

Step02 无人机将从左向右进行 360° 旋转，如图 9-14 所示。

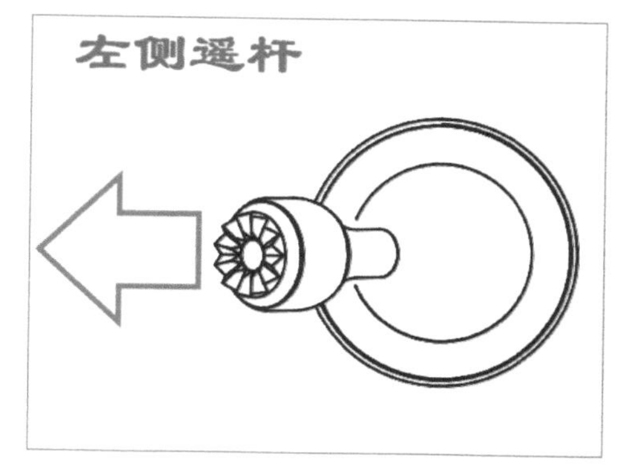

▲ 图 9-13　将左侧的遥杆缓慢地向左推

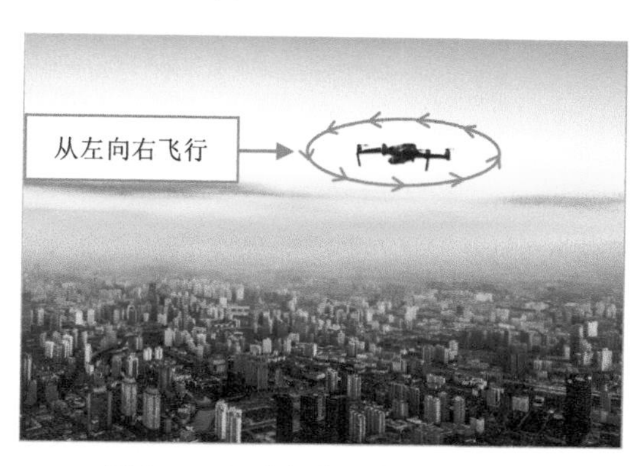

▲ 图 9-14　无人机将从左向右进行旋转

Step 03 将左侧的遥杆缓慢地向右推，如图 9-15 所示。

Step 04 无人机将从右向左进行 360° 旋转，如图 9-16 所示。

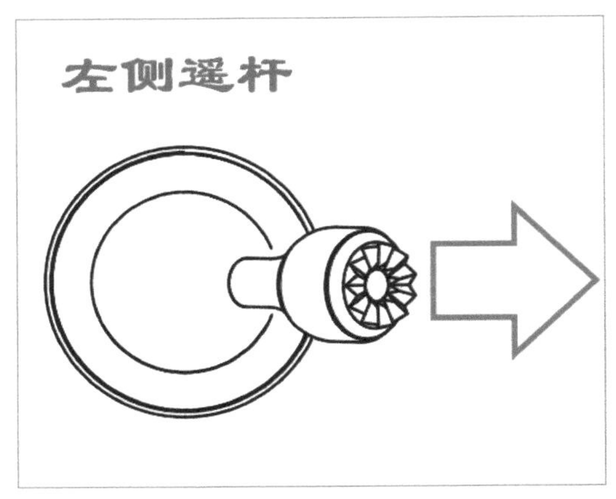

▲ 图 9-15　将左侧的遥杆缓慢地向右推

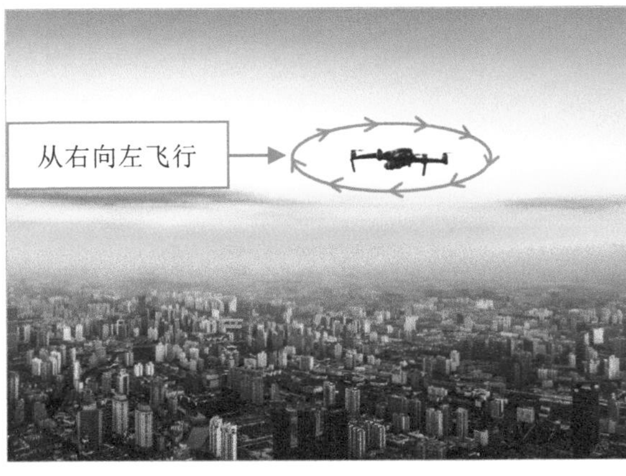

▲ 图 9-16　无人机将从右向左进行 360° 旋转

9.2.2　圆环飞行

圆环飞行进行拍摄是指围绕某一个物体进行 360° 环绕飞行拍摄，这种飞行方式与原地转圈飞行的 360° 旋转拍摄有一定的区别，原地转圈飞行是原地不动旋转 360° ，而本实例讲的是移动位置让无人机飞行 360° 进行拍摄，难度会稍微大一点。

☆专家提醒☆

无人机中有一种智能飞行模式，名叫“兴趣点环绕”模式，这种飞行模式与本实例的圆环飞行模式比较类似，都是以围绕某一物体进行 360° 旋转拍摄，只是镜头的拍摄角度会有所区别，在下一章内容中进行详细介绍。

图 9-17 所示，以右侧建筑为中心聚焦点，让无人机围绕建筑画圆圈 360° 进行飞行拍摄。

▲ 图 9-17　无人机飞行 360° 进行拍摄

圆环飞行的具体操作方法如下：

Step01 将无人机上升到一定高度，相机镜头朝前方。

Step02 右手向上拨动右遥杆，无人机将向前飞行，推杆的幅度要小一点，力度小一点，同时左手向左拨动左遥杆，使无人机向左进行旋转（这里需要注意一点，推杆的幅度，决定画圆圈的大小和飞行的速度）。

Step03 上一步是向左旋转飞行的，如果希望无人机向右旋转飞行 360°，只需要向前飞行的同时，左手向右拨动左遥杆，即可向右画圆圈飞行 360°。

9.2.3　方形飞行

方形飞行是指将无人机按照设定的方形路线进行飞行，在方形练习的过程中，相机的朝向不变，无人机的旋转角度不变，只需要通过右遥杆的上、下、左、右调整无人机的飞行方向即可，如图 9-18 所示。

图 9-18 为方形飞行路线，向上拨动左遥杆，将无人机上升到一定的高度，保持无人机的相机镜头在用户站立的正前方，然后开始练习，具体操作方法如下：

Step01 向左拨动右遥杆，无人机将向左飞行。

Step02 连续向上拨动右遥杆，无人机将向前飞行。

Step03 连续向右拨动右遥杆，无人机将向右飞行。

Step04 连续向下拨动右遥杆，无人机将向后倒退飞行，悬停在刚开始起飞的位置。

☆专家提醒☆

方形飞行动作其实就是 9.1 节六组入门级飞行动作的集合，一次性操作完上、下、左、右、前、后的飞行训练。

▲ 图 9-18　无人机方形飞行的路线

9.2.4 8字飞行

8字飞行是比较有难度的一种飞行动作，当用户对前面几组飞行动作都已经很熟练了，就可以开始练习8字飞行了。8字飞行会用到左右遥杆的很多功能，需要左手和右手的完美配合，左遥杆需要控制好无人机的航向，即相机的方向；右遥杆需要控制好无人机的飞行方向，8字的飞行路径如图9-19所示。

▲ 图9-19　画8字的飞行路径

图9-19为无人机8字飞行轨迹，具体操作方法如下：

Step 01 根据9.2.2节圆环飞行的动作，顺时针飞一个圆圈。

Step 02 顺时针飞行完成后，立刻转换方向，通过向左或向右控制左遥杆，以逆时针的方向飞另一个圆圈。

这些飞行动作用户一定要反复练习多次，直到能非常熟练地用双手同时操作遥杆，能很流畅地完成各种飞行动作。

☆专家提醒☆

如果用户对上面介绍的九组飞行动作都很熟练了，那么8字飞行还是非常简单的，只要你的无人机反应足够敏捷，就可以轻而易举地画出8字轨迹。当成功完成飞行后，会有一种特别强烈的成就感与心理愉悦感，因为又学会了一种更巧妙的飞行技巧。

9.2.5 飞进飞出飞行

前面4个小节都是左右遥杆单独训练的方式，帮助用户打好飞行基础。从本实例开始，将练习左右遥杆的同时训练，帮助用户快速找到控制双遥杆的感觉。

下面介绍飞进飞出的飞行拍摄技巧，飞进飞出飞行是指将无人机往前飞行一段路径后，通过向左或向右旋转 180°，再往回飞的方式。熟练掌握飞进飞出的拍摄，有利于用户找到双手同时操作无人机的感觉，如图 9-20 所示。

▲ 图 9-20　飞进飞出的飞行拍摄技巧（摄影师：赵高翔）

图 9-20 为无人机飞进飞出的飞行路线，首先将无人机飞行到用户站立的正前方，上升到一定高度，相机镜头朝前方，然后再进行练习，具体操作方法如下：

Step01 右手向上拨动右遥杆，无人机将向前飞行。

Step02 右手向上拨动右遥杆的动作保持不变，缓慢向前飞行的同时，左手向左拨动左遥杆，让无人机向左旋转 180°。

Step03 旋转完成后，释放左手的遥杆；继续使用右手向上拨动右遥杆，无人机将向前飞行，也就是迎面飞回来。

Step04 飞到刚开始的位置后，继续使用左手向左拨动左遥杆，让无人机向左旋转 180°；或者使用左手向右拨动左遥杆，让无人机向右旋转 180°。

执行上述四个步骤后，即可完成无人机飞进飞出的练习操作。

9.2.6　向上并向前飞行

向上并向前飞行的动作需要左右手同时进行遥杆操作，才能达到向上的同时向前飞行。下面介绍具体的操作方法。

Step01 开启无人机后，将左侧的遥杆缓慢地向上推，如图 9-21 所示，无人机即向上飞行；将右侧的遥杆也缓慢地向上推，如图 9-22 所示，无人机即向前飞行。

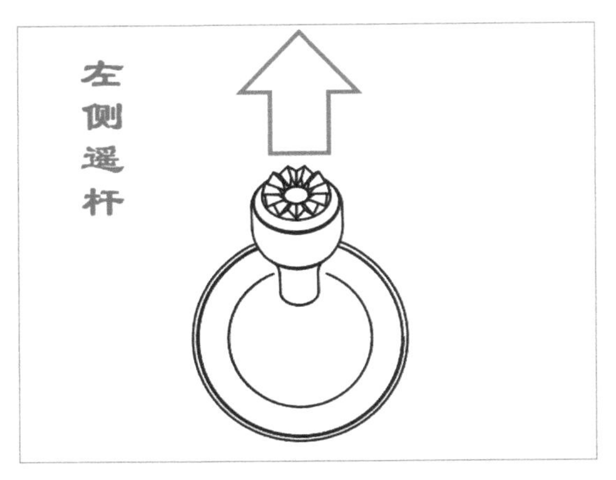

▲ 图 9-21　将左侧的遥杆缓慢地向上推

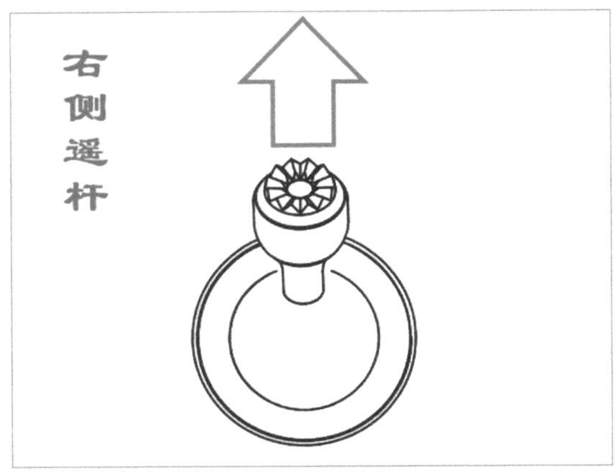

▲ 图 9-22　将右侧的遥杆缓慢地向上推

Step02 执行操作后，无人机即可实现向上并向前的飞行效果，如图 9-23 所示。

▲ 图 9-23　实现向上并向前的飞行效果

9.3　三组高级飞行动作，航拍大片

一般大型电视剧或电影的开头部分，都有航拍的视频画面，比如从一个镜头穿越到另一个镜头，从画面这头飞越到画面那头，从这座房屋顶上穿过树枝到另一座房屋顶上等，这些都属于高级飞行动作，本节将向用户进行详细介绍。

9.3.1　展现镜头飞行

展现镜头是指无人机向前飞行的时候，逐渐展现镜头中的内容，有一种柳暗花明又一村的感觉，一般在大型电影或者影视剧的开头部分，会出现这样的镜头，比如最开始拍摄的是一座山，山后面有一个美丽的小村庄，小村庄后面有一个大型的赛马场，赛马场后面有一片清澈的圣湖。如图 9-24 所示为逐渐展现镜头方式拍摄的场景。

▲ 图 9-24　逐渐展现镜头方式拍摄的场景（摄影师：赵高翔）

逐渐展现镜头的拍摄方式十分简单，具体操作步骤如下：

Step01 右手向上拨动右遥杆，无人机将向前进行飞行，速度一定要慢。

Step02 左手同时慢慢地拨动“云台俯仰”拨轮，将镜头向上倾斜，逐渐展现出用户需要拍摄的前方对象。

如果想拍出倒退的展现镜头，那么遥控器的操作刚好相反，右手向下拨动右遥杆，无人机将向后倒退，在倒退的同时慢慢拨动“云台俯仰”拨轮，将镜头向下倾斜，以展现出需要拍摄的对象，效果如图 9-25 所示。

▲ 图 9-25　向后倒退镜头向下倾斜的拍摄效果（摄影师：赵高翔）

9.3.2　飞行穿越拍摄

飞行穿越拍摄的难度也是比较高的，因为在穿越的过程中视线会受到一定的影响，但是拍摄出来的作品效果非常好。例如，穿过山洞拍摄出后面的风景，如果你是一位飞行高手，飞行穿越的速度够快，还能给观众带来非常刺激的感觉。

图 9-26 所示为飞行穿越时拍摄的画面效果，无人机飞行穿越城墙，然后拍出了最美的山峰效果。用户在拍摄这种飞行效果时，由于视线受阻，心情容易紧张，建议用户飞行的速度不要过快，一定要稳，否则拍摄会有一定的风险，后期我们可以通过视频剪辑软件来加快视频的播放速度，这样也能带来一定的视觉冲击力。

▲ 图 9-26　飞行穿越时拍摄的画面效果

9.3.3　移动目标拍摄

移动目标拍摄也是一种高难度的拍摄手法，是指无人机跟随着某个目标进行拍摄，一般跟拍汽车、游船的比较多，这种拍摄画面和场景在电影电视中也能经常看到。采用移动目标的拍摄手法时，有一点需要我们注意，在跟拍的时候，要与目标对象保持一定的距离，防止操作不当引起坠机的风险，千万不要跟拍人物，以免炸机对人身造成伤害。

图 9-27 所示为无人机在水上对游船进行移动跟拍的画面效果。

▲ 图 9-27　无人机在水上对游船进行移动跟拍的画面效果

第10章

智能飞行拍出精彩的视觉大片

学前提示

在上一章中向读者介绍了无人机的多种空中飞行动作，从简单到复杂，讲解全面、透彻，而本章主要介绍六种无人机的智能飞行模式，可以帮助用户在飞行过程中省时省力，在短时间内能快速拍出理想的航拍摄影作品。

10.1 “一键短片”模式，自动生成 10 秒小视频

“一键短片”模式包括多种不同的拍摄方式，依次为渐远、环绕、螺旋、冲天、彗星、小行星以及滑动变焦等，无人机将根据用户所选的方式持续拍摄特定时长的视频，然后自动生成一个 10 秒以内的短视频。下面介绍使用“一键短片”模式的操作方法。

Step 01 在 DJI GO 4 APP 飞行界面中，1点击左侧的“智能模式”按钮；2在弹出的界面中点击“一键短片”按钮，如图 10-1 所示。

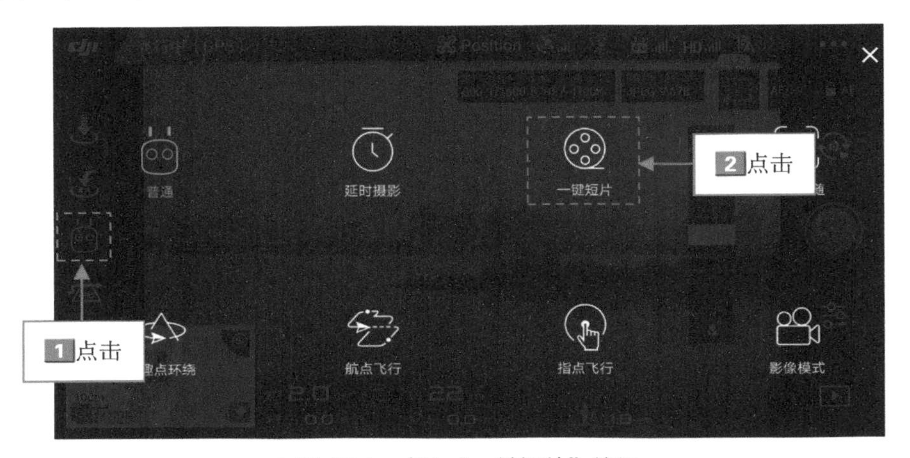

▲ 图 10-1　点击“一键短片”按钮

Step 02 进入“一键短片”飞行模式，在下方点击“冲天”按钮，如图 10-2 所示。

▲ 图 10-2　点击“冲天”按钮

Step 03 弹出信息提示框，提示用户“冲天”拍摄模式的飞行效果，点击“好的”按钮，如图 10-3 所示。

Step 04 此时界面中提示“点击或框选目标”的信息，在飞行界面中用手指拖曳绘制一个方框，标记为目标点，绘制完成后，点击 GO 按钮，如图 10-4 所示。

Step 05 执行操作后，开始倒计时录制一键短片，如图 10-5 所示。

▲ 图 10-3　点击“好的”按钮

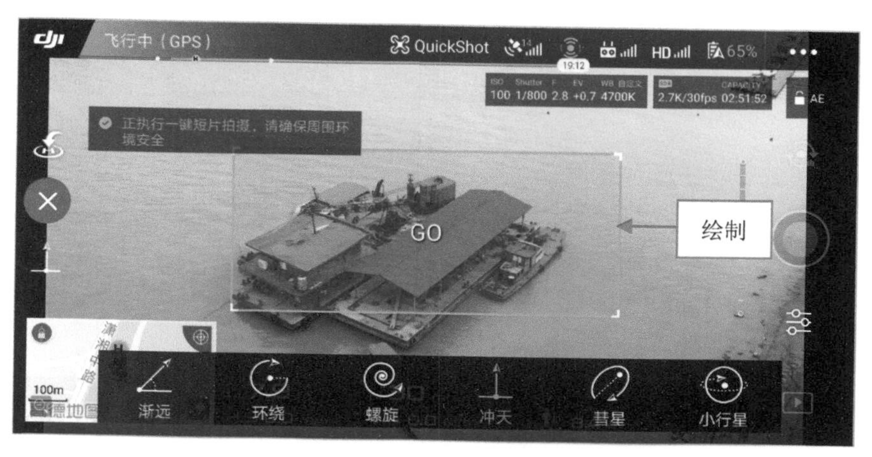

▲ 图 10-4　用手指拖曳绘制一个方框

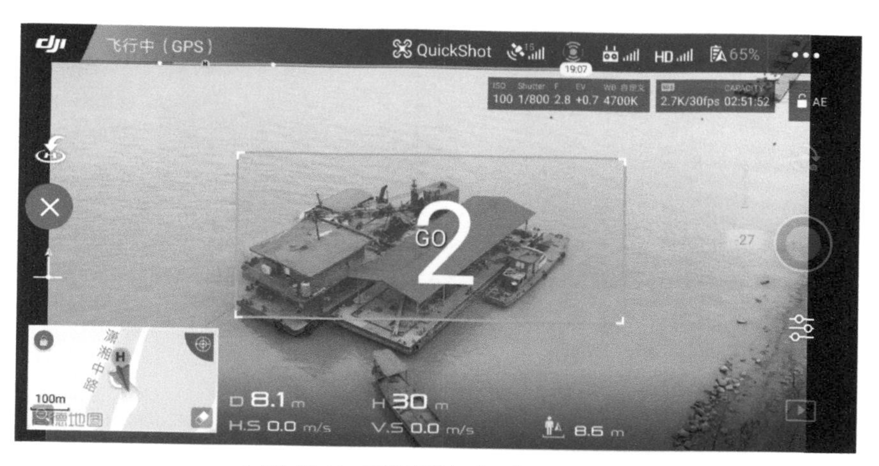

▲ 图 10-5　开始倒计时录制一键短片

Step 06 图 10-6 所示为录制一键短片过程中无人机的飞行拍摄效果，拍摄完成后，无人机将飞回拍摄起始位置，点击回放按键，可以查看录制的一键短片视频效果。

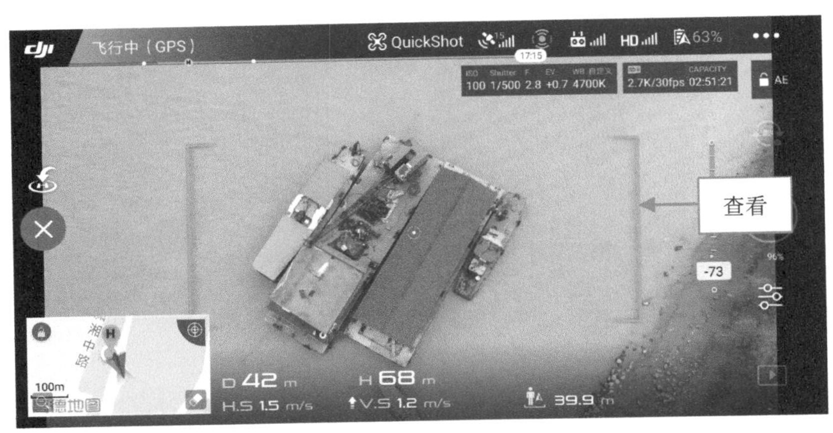

▲ 图 10-6　录制一键短片过程中无人机的飞行拍摄效果

10.2　智能跟随，最适合跟拍的飞行模式

智能跟随模式是基于图像的跟随，可以对人、车、船等移动对象有识别功能，需要用户注意的是，使用智能跟随模式时，要与跟随对象保持一定的安全距离，以免造成人身伤害。下面介绍使用“智能跟随”模式的操作方法。

Step01 在 DJI GO 4 APP 飞行界面中，1 点击左侧的“智能模式”按钮；2 在弹出的界面中点击“智能跟随”按钮，如图 10-7 所示。

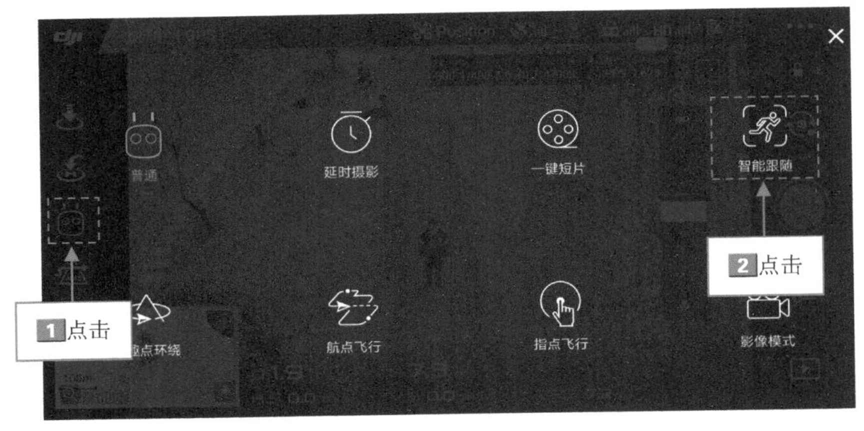

▲ 图 10-7　点击“智能跟随”按钮

☆专家提醒☆

无人机在飞行的过程中，会根据视觉系统提供的数据判断前方是否有障碍物，检测到障碍物时，无人机会尝试绕开障碍物飞行。

Step02 进入“智能跟随”拍摄模式，在屏幕中通过点击或框选的方式，设定跟随的目标对象，如图 10-8 所示。

▲ 图 10-8　在屏幕中设定跟随的目标对象

Step 03 飞行界面中锁定目标对象，并显示绿色的锁定框，如图 10-9 所示。

▲ 图 10-9　飞行界面中锁定目标对象

Step 04 目标对象向前跑，无人机将跟随人物对象智能飞行，如图 10-10 所示，在跟随的过程中，用户按下视频录制键，可以开始录制短视频，点击左侧的×按钮，将退出智能跟随拍摄模式。

▲ 图 10-10

▲ 图 10-10　无人机跟随人物对象智能飞行

10.3　兴趣点环绕，360°高空环绕拍摄

兴趣点环绕模式在飞行圈里俗称“刷锅”，是指无人机围绕用户设定的兴趣点进行360°的旋转拍摄。下面介绍使用“兴趣点环绕”模式的操作方法。

Step 01 在 DJI GO 4 APP 飞行界面中，1 点击左侧的“智能模式”按钮；2 在弹出的界面中点击“兴趣点环绕”按钮，如图 10-11 所示。

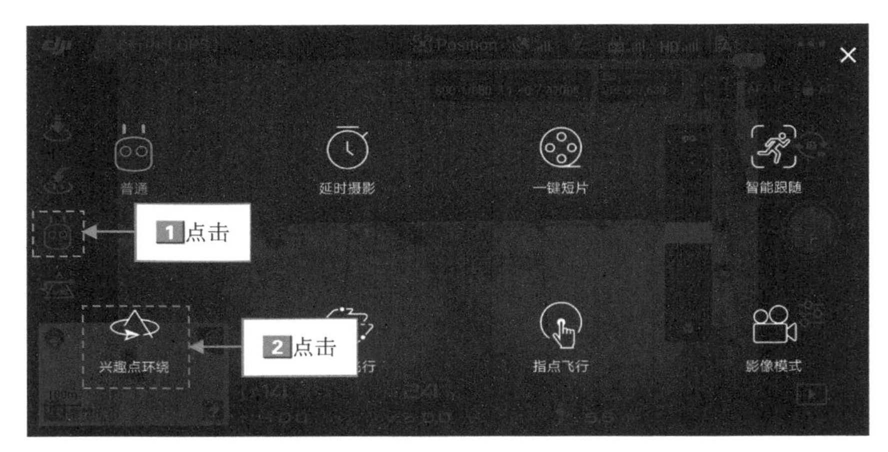

▲ 图 10-11　点击“兴趣点环绕”按钮

Step 02 进入“兴趣点环绕”拍摄模式，如图 10-12 所示。

Step 03 在飞行界面中，1 用手指拖曳绘制一个方框，设定兴趣点对象；2 点击 GO 按钮，如图 10-13 所示。

Step 04 无人机开始对目标位置进行测算，如图 10-14 所示。

Step 05 如果测算成功，无人机则开始环绕兴趣点飞行，如图 10-15 所示，飞行过程中用户可以控制云台调整相机来进行构图，还可以调节环绕飞行半径、高度和速度等参数。

▲ 图 10-12　进入“兴趣点环绕”拍摄模式

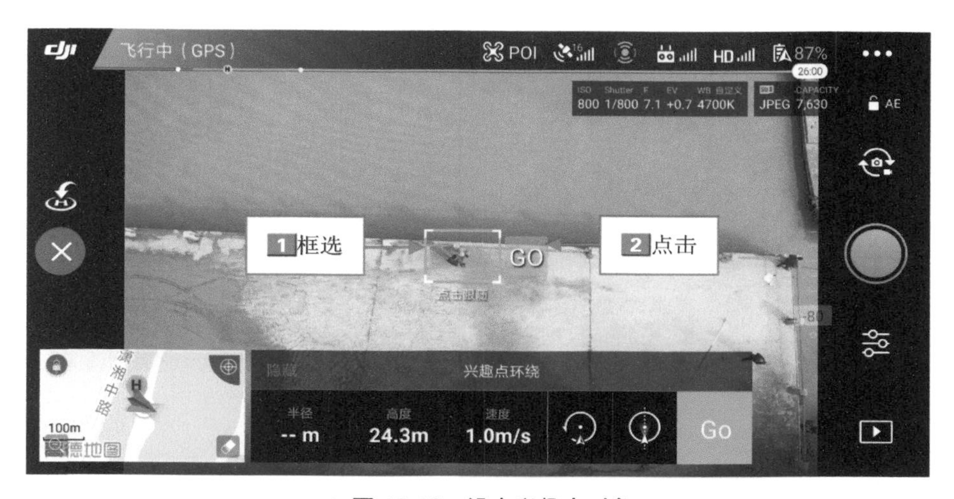

▲ 图 10-13　设定兴趣点对象

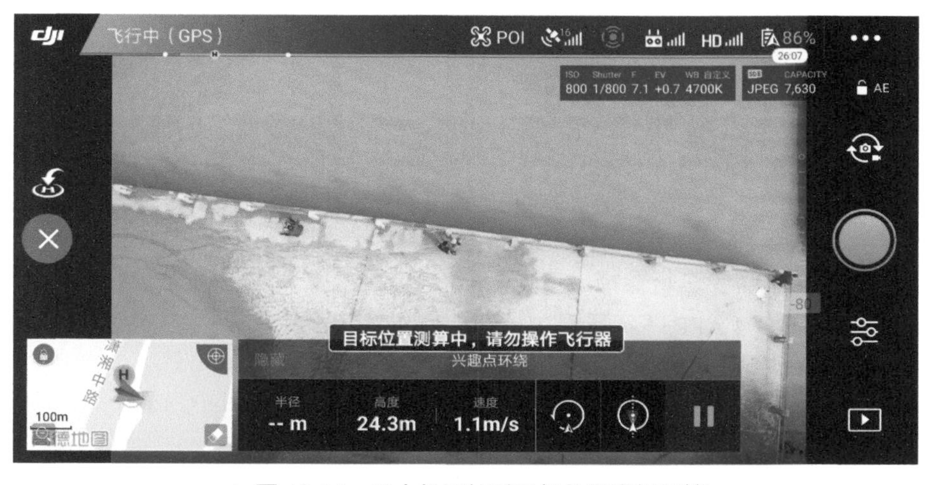

▲ 图 10-14　无人机开始对目标位置进行测算

▲ 图 10-15　无人机开始环绕兴趣点飞行

☆专家提醒☆

使用“兴趣点环绕”拍摄模式时，框选的兴趣点对象要具有一定的纹理特点，要容易识别，如果框选的目标对象是天空，或者是一片绿草地，无人机将无法测量。

10.4　指点飞行，锁定对象，一键飞行

指点飞行包含三种飞行模式：一种是正向指点，一种是反向指点，还有一种是自由朝向指点，用户可根据需要进行选择。下面介绍使用“指点飞行”模式的操作方法。

Step 01 在 DJI GO 4 APP 飞行界面中，1 点击左侧的“智能模式”按钮；2 在弹出的界面中点击“指点飞行”按钮，如图 10-16 所示。

Step 02 进入“指点飞行”模式，弹出提示信息框，点击“好的”按钮，飞行界面中显示 GO 按钮，点击该按钮，如图 10-17 所示。

Step 03 飞行界面中即可锁定目标，进行正向指点飞行，如图 10-18 所示。

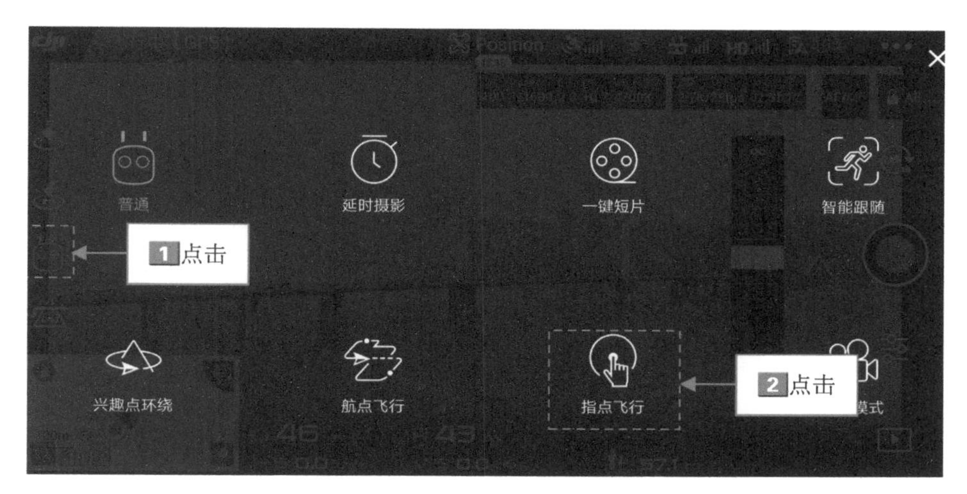

▲ 图 10-16　点击“指点飞行”按钮

▲ 图 10-17　点击界面中的 GO 按钮

▲ 图 10-18

▲ 图 10-18　进行正向指点飞行

10.5　影像模式，要想画面稳定就用这个

使用“影像模式”航拍视频时，无人机将以缓慢的方式飞行，延长了无人机的刹车距离，也限制了无人机的飞行速度，使用户拍摄出来的画面稳定、流畅、不抖动。下面介绍使用“影像模式”拍摄视频的方法。

Step 01 在 DJI GO 4 APP 飞行界面中，1 点击左侧的“智能模式”按钮；2 在弹出的界面中点击“影像模式”按钮，如图 10-19 所示。

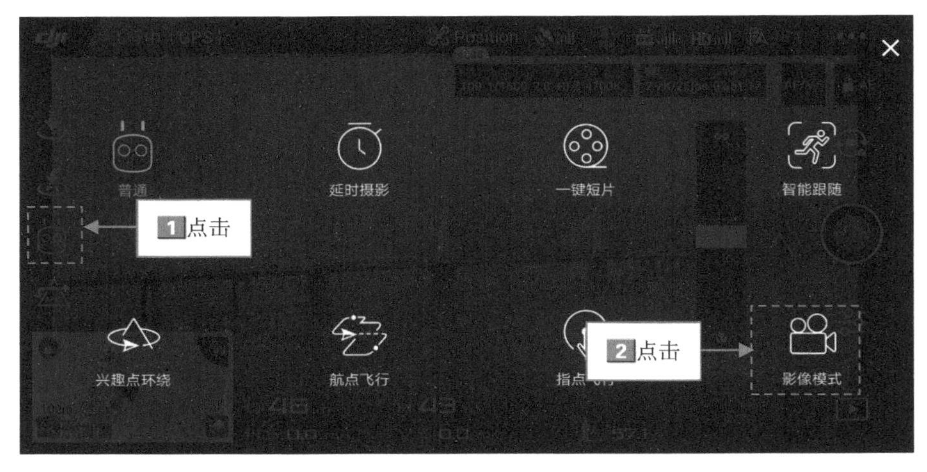

▲ 图 10-19　点击“影像模式”按钮

Step 02 弹出提示信息框，提示用户关于影像模式的飞行简介，点击“确认”按钮，如图 10-20 所示。

Step 03 进入影像模式，无人机将进行缓慢的飞行，用户可以通过左右遥杆来控制无人机的飞行方向，如图 10-21 所示。

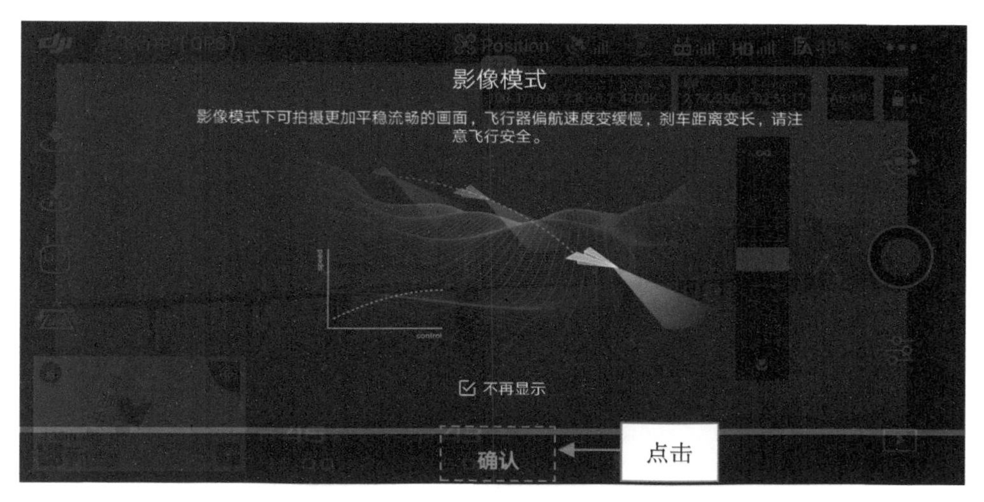

▲ 图 10-20　提示用户关于影像模式的飞行简介

▲ 图 10-21　进入影像模式

10.6 延时摄影模式，记录画面运动轨迹

延时摄影包含四种飞行模式：自由延时、环绕延时、定向延时以及轨迹延时等，选择相应的拍摄模式后，无人机将在设定的时间内自动拍摄一定数量的照片，并生成延时视频。下面介绍使用“延时摄影”模式拍摄视频的操作方法。

Step 01 在 DJI GO 4 APP 飞行界面中，1 点击左侧的“智能模式”按钮；2 在弹出的界面中点击“延时摄影”按钮，如图 10-22 所示。

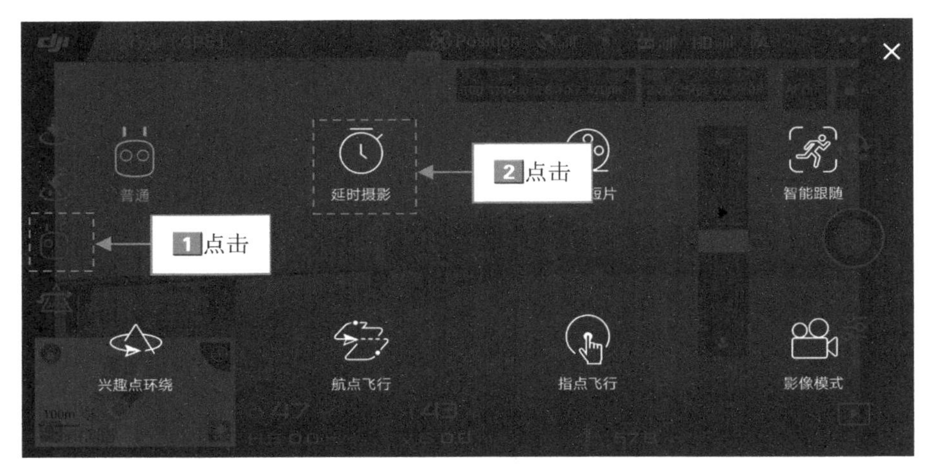

▲ 图 10-22 点击“延时摄影”按钮

Step 02 进入“延时摄影”拍摄模式，在下方点击“自由延时”按钮，如图 10-23 所示。

▲ 图 10-23 点击“自由延时”按钮

Step 03 弹出提示信息框，提示用户自由延时操作的相关简介，点击“好的”按钮，如图 10-24 所示。

Step 04 进入“自由延时”拍摄模式，下方显示拍摄时长为 00:04:08、拍摄张数为 125，点击右侧的红色 GO 按钮，如图 10-25 所示。

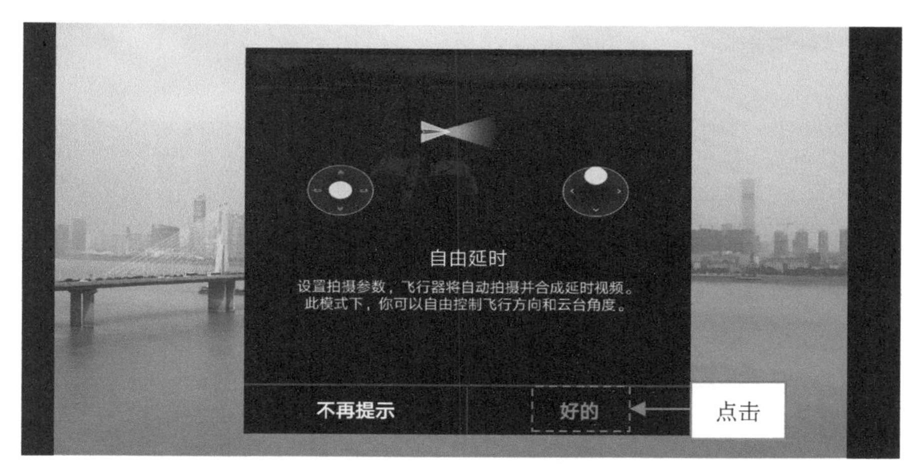

▲ 图 10-24　提示用户自由延时操作的相关简介

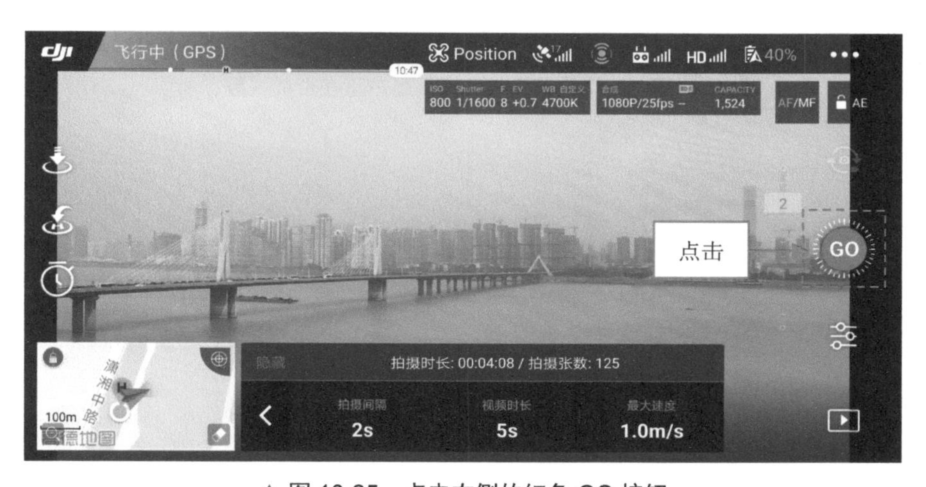

▲ 图 10-25　点击右侧的红色 GO 按钮

Step 05 开始拍摄多张延时照片，并显示拍摄进度，如图 10-26 所示。

▲ 图 10-26　开始拍摄多张延时照片

Step 06 待照片拍摄完成后，界面下方提示用户正在合成视频，如图 10-27 所示，待视频合成完成后，即可完成延时摄影的拍摄。

▲图 10-27　界面下方提示用户正在合成视频

第11章 实战航拍风光照片 领略全新视角

学前提示

通过前面章节的学习，读者应该已经掌握了无人机的飞行技巧与摄影构图技术，那么本章将带领读者实战航拍风光照片，领略全新的拍摄视角带来的震撼感，主要包括航拍秀丽风景、湖泊山水、城市风光、璀璨夜景、桥梁车流、岛屿风景、日出日落以及雪域高原等内容。

11.1 秀丽风景照片，应该这样拍

风景照片是我们航拍最多的一类，一切美好的事物都值得我们记录和拍摄下来，永存那瞬间的震撼和美丽。随着高画质无人机的普及，以及不亚于专业相机的拍摄功能，促使越来越多的人开始接触无人机航拍摄影，并逐渐领略到航拍的魅力。

11.1.1 航拍乡村美景

一幅好的风景照片，要有一个鲜明的主题，或是表现一个人，或是表现一件事物，甚至可以表现该题材的一个故事情节，并且照片的主题必须明确，毫不含糊，使任何观赏者一眼就能看得出来。

图 11-1 是在李坑民俗村航拍的效果照片，从天空的视角俯瞰整个村庄，仿佛进入了一片世外桃源，周围的油菜花正开得娇艳，四周高山树林环绕，风景甚是美丽。

▲ 图 11-1 李坑民俗村航拍的效果

这幅李坑村庄照片，整体的所有因素综合起来表现了一个普遍性的主题，即安静。这不只是一个山村，通过画面，我们可以感受到一种安静的力量，俯拍的画面给人以宽广的视野，古镇的建筑在山脉中间，被山林环绕，很好地衬托了整个画面的景色。

要想使风景照片令人印象深刻、过目不忘，或是更能打动观赏者，拍摄者必须设法将观赏者的注意力引向画面中的被摄主体。一幅好的风景照片，还必须要做到画面简洁，只包括那些有利于把观众视线引向被摄主体的内容，而排除或减少那些可能分散注意力的内容。

11.1.2　航拍冬日雪景

冬日雪景也是我们最喜欢航拍的一类风景照片，在拍摄雪景的时候可以利用航拍的俯视构图，来体现场面的宏大，营造出大地一片洁白的迷人景象。

图 11-2 是在杭州西湖航拍的雪景风光效果，雪景一直都令人向往，人们喜欢下雪的感觉，因为雪很白，白得那么干净、清透。那天西湖的雪下得很大，整片树林都被茫茫的白雪所覆盖，整个画面给人圣洁的感觉。

▲ 图 11-2　杭州西湖航拍的雪景风光效果（摄影师：赵高翔）

11.2　湖泊山水照片，注意天空与水面

航拍湖泊山水风光照片，主要有两种拍摄视角：一种是俯拍，无人机在空中飞行，相机镜头朝下俯视；另一种是低视角的仰拍，无人机在湖面飞行，拍出了湖泊波光粼粼的效果。本节主要介绍航拍湖泊、高山、水面等风光照片。

11.2.1　航拍湖泊

湖泊是一个地表相对封闭可蓄水的天然洼池，使用无人机航拍湖泊的时候，可以拍出湖泊的曲线美感，湖泊的形态一般都是弯弯曲曲的，如果是高原上的湖泊，湖水则清澈见底，非常干净，能给人一片纯净的感觉。图 11-3 是在西藏羊卓雍错湖航拍的照片，羊卓雍错简称羊湖，是西藏的三大圣湖之一，无人机在圣湖上飞行，湖水在天空的映衬下，显得特别蓝，两侧的雪山很好地衬托了中间圣洁的湖水，颜色也有非常鲜明的对比。

▲ 图 11-3 西藏羊卓雍错湖航拍效果

11.2.2 航拍高山

山可能是旅途中最常见的风景了，当然也是一种重要的航拍摄影题材。图 11-4 是在浙江仙居景区上空俯视角度拍摄的高山，可以展现其连绵、蜿蜒之势。整幅照片以绿色为主，没有多余的颜色或杂色，主题非常醒目。

▲ 图 11-4 浙江仙居景区上空俯视角度拍摄的高山效果（摄影师：赵高翔）

11.2.3　航拍水面

湖泊和高山的照片都是以俯拍方式拍摄的，图 11-5 所示的照片则是低视角航拍的，地点是湘西凤凰古城，无人机在水面上飞行拍摄，两侧的高山和建筑倒映在水中，更好地突出了风光的美。

▲ 图 11-5　湘西凤凰古城航拍的水面照片效果

11.3　城市风光照片，拍出城市繁华

城市摄影的难度要比自然风光更高，因为城市中有太多的不确定性，如人流、车流等。因此，拍摄城市风光时，可以将城市高楼作为重要的航拍元素，将其和环境进行结合。我们每天都能看到高楼大厦，怎样将城市的高楼风景拍摄出感觉呢？下面和大家分享一下城市高楼与道路的拍摄方法。

11.3.1　航拍城市

图 11-6 是在我的家乡上海市区高空航拍的效果，高楼林立，整个城市的建筑色感一致，飘在整个城市上空的白云，使城市景色更加梦幻多彩。这是一幅水平线构图的照片，天空占了画面的二分之一，天空中的云彩非常有层次和立体感，点缀了整个城市的色彩，下方城市中的高楼随着河流两侧排序整齐，几栋高楼挺立在城市中间，为整个城市带来了欣欣向荣的感觉。

▲ 图 11-6　上海市区高空航拍的效果

下雪天的城市，也别有一番景象，如图 11-7 所示，整个城市的建筑呈现一片白色。

▲ 图 11-7　下雪天城市航拍的风景照片

11.3.2　航拍道路

城市中除了高楼大厦，道路也是极具线条美感的，我们拍摄城市道路时，重点在于把道路的线条拍美，可以利用道路线条的不同，结合我们的拍摄思路，选择合适的角度进行航拍，图 11-8 是在上海市区高空航拍的道路风景，极具线条美感。

▲ 图 11-8　上海市区高空航拍的道路风景

11.4 璀璨夜景照片，这样拍更清晰

夜景作为无人机摄影的难点，航拍者需要具备一定的技巧才能拍好。当然，如果你什么都不会，那么至少要用无人机中的“纯净夜拍”模式去拍摄，如图 11-9 所示。具体的设置技巧，在第 7 章的 7.4.3 节有详细的操作说明，这里不再重复介绍。

▲ 图 11-9　用无人机中的“纯净夜拍”模式去拍摄

在光线不足的夜晚拍摄时，使用“纯净夜拍”模式可以提升亮部和暗部的细节呈现，以及带来更强大的降噪能力，如图 11-10 所示。

▲ 图 11-10　使用“纯净夜拍”模式航拍的璀璨夜景效果

11.4.1　航拍城市夜景

城市夜景光线的特点在于它既是构成画面的一部分，又给夜景的拍摄提供了必要的光照，如果拍摄的夜景没有人造灯光的照射，那么画面的效果会大大减弱，图 11-11 是在上海市航拍的城市夜景效果，人造灯光点亮了整个城市，呈现一片繁华的景象。

▲ 图 11-11　上海市航拍的城市夜景效果

11.4.2　航拍古镇夜景

在凤凰古镇拍摄夜景照片时，我们还可以让无人机在沱江之上飞行，以低空飞行的姿态穿梭在古镇中，拍摄两侧的灯光建筑，再衬以水中的倒影，简直美极了，如图 11-12 所示。

▲ 图 11-12　以低空飞行拍摄两侧灯光建筑

以高空俯视拍摄凤凰古镇的夜景，只要角度选得好，拍摄出来的古镇全景照片也是非常大气的，如图 11-13 所示。

▲ 图 11-13　以高空俯视拍摄凤凰古镇的夜景

11.5　桥梁车流照片，拍出宏伟大气

我们身边时时有桥、处处有桥。那么，怎样才能将我们身边常见的桥拍出特色呢？站在远处拍桥，可以体现桥的整体特点，还可以将周围的景物也容纳进来，如海面、天空、岛屿、建筑等，使画面内容更加丰富，整体效果大气、恢宏，如图 11-14 所示。

▲ 图 11-14　上海市高空航拍桥梁效果

图 11-14 是在上海市高空航拍桥梁的照片，无人机飞行在桥梁的上空，画面里面有海、有桥、有城市建筑等元素，可以从不同角度、不同方位以及不同的取景位置来拍摄桥梁，以获得更好的航拍效果。还可以采用其他的构图手法来拍摄桥梁，将无人机再往侧面飞行一段距离，使桥梁在画面中呈水平线或其他斜线的形状，更具有延伸感。

当夜幕降临的时候，桥上会有五彩的灯光，在灯光的照耀下，桥面显得非常华丽，桥上还有车流的光影效果，我们还可以以慢速快门的方式拍摄出桥上车流的轨迹和光影效果，看不清汽车飞驰的样子，只看得到汽车行驶的轨迹。

要想拍摄出这样的效果，方法十分简单，只需要在无人机中将拍摄模式设置为 M 挡手动模式，然后设置 ISO、光圈以及快门的参数，无人机目前的慢门时间最长为 8 秒，我们可以将其设置为 8 秒，ISO 设置为最低值，可以减少画面噪点。

11.6　岛屿风景照片，适合拍全景

海岛是我们极其向往的旅游目的地，海岛的四周都是海，风景特别美，在国外有很多

的海岛旅游景点，如巴厘岛、巴里卡萨岛、薄荷岛以及济州岛等，都很适合进行航拍，拍出岛屿的全景或半景，都是非常美的。

如图 11-15 所示，这张航拍照片是在薄荷岛上空用无人机拍摄的，当时无人机飞得比较高，将整个岛屿的形状都拍摄完整了，薄荷岛就是画面的主体。这张照片采用了主体构图的技法，以直接突出主体薄荷岛的方式进行拍摄，岛屿占了画面的最中心位置，一眼就能看出来照片所强调的主体，每个人都能一眼辨认出照片的主体。

▲ 图 11-15　航拍整个岛屿的全景效果（摄影师：赵高翔）

11.7　日出日落照片，时机很重要

日出日落是一个经久不衰的拍摄题材，拍摄者可以利用水面、云彩等其他景物来美化画面。日落的拍摄比日出要简单一些，因为摄影师可以目睹太阳下落的全部过程，对位置和亮点都可以预测。可以巧妙地结合水面的太阳光影进行构图，使画面的意境更加美观。

图 11-16 是在浙江台州市航拍的一张日落晚霞照片，这样的日落晚霞太过华丽，风景美得令人陶醉。通常，在太阳快接近地平线时，空中的云彩在夕阳的照射下，可以表现出精彩的变化；当太阳落到地平线下方时，在此后的一小段时间内，天空仍然留有精美的色彩，此时也是拍摄日落的最佳时机。

▲ 图 11-16　浙江台州市航拍的日落晚霞照片（摄影师：赵高翔）

11.8　雪域高原照片，拍出立体感

高原雪山是个充满诱惑力的摄影题材，拍摄高原景色的一个共同特征是高原地区的反光率比较平均、色调相差不大，因此在拍摄高原雪山的时候，选择好光线和角度是非常重要的。图 11-17 是在珠穆朗玛峰大本营的雪域高原上航拍的全景照片，无人机进行侧光拍摄，能较好地表现高原地貌的轮廓线条，形成明暗影调的起伏，使高原风光更具有立体感。

▲ 图 11-17　珠穆朗玛峰大本营的雪域高原上航拍的全景照片

照片的后期处理：手机 + 电脑精修

学前提示

照片的后期处理赋予了风光照片无限的创意和想象空间，我们可以利用软件来提高摄影作品的美感，甚至是创造美感。本章主要通过手机 APP 与 Photoshop 软件对航拍的风光照片进行后期处理，使拍摄出来的照片更加吸引观众的眼球，更具有“大片范”。

12.1 手机 APP 处理，这样修片最有效率

无人机拍完照片后，用户可以直接通过数据线将照片导入手机中，运用手机修图 APP 来处理无人机航拍的照片十分方便，可以满足用户的基本修图需求，如裁剪照片、处理照片色调、添加文字内容等，用户处理完成后，可以直接将照片分享给朋友，或者分享到朋友圈、微博等媒体平台上。本节以 MIX APP 为例，介绍手机修片的具体方法。

12.1.1 裁剪照片尺寸

MIX APP 由 Camera 360 推出，内置了 100 多款创意滤镜、40 多款经典纹理，并具有十分完善的专业参数调节工具，可以帮助用户轻松修片，为用户带来创意无限的照片编辑体验。首先向用户介绍使用 MIX 裁剪照片尺寸的方法。

Step 01 下载并安装 MIX APP，在手机桌面找到 MIX APP 图标，点击 MIX APP 图标，打开主界面，点击“编辑”按钮，如图 12-1 所示。

Step 02 导入一张照片，点击“裁剪”按钮，进入“裁剪”界面，如图 12-2 所示。

▲ 图 12-1 点击“编辑”按钮

▲ 图 12-2 进入“裁剪”界面

Step 03 往下拖曳上方裁剪框，裁剪照片上半部分，上方的天空是黑色的，属于画面多余的部分，我们将其裁剪后，即可通过二次构图将照片变成一幅三分线构图的照片，上方黑色的天空占画面的三分之一，城市夜景占画面的三分之二，画面整体协调很多，也更加丰富饱满，如图 12-3 所示。

Step 04 进入“滤镜”选项卡，点击右上角的“保存”按钮，如图 12-4 所示，即可保存照片，进入“照片分享”界面，用户点击界面上方的“微信好友”“微信朋友圈”以及“新浪微博”等图标，可以对照片进行分享。

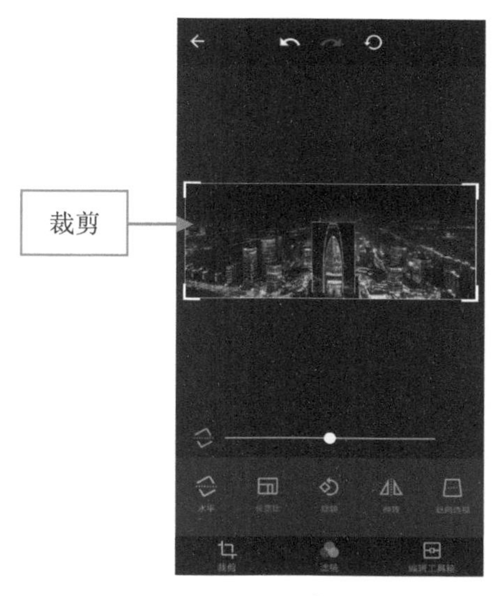

▲ 图 12-3 裁剪照片的区域

▲ 图 12-4 点击“保存”按钮

☆专家提醒☆

在“裁剪”界面中，向左或向右拖曳界面下方的滑块，可以对照片进行旋转裁剪操作；点击“长宽比”按钮，可以根据 APP 设定的多种照片比例进行裁剪操作；点击“旋转”按钮，可以对照片进行顺时针 90° 或逆时针 90° 旋转。

Step05 预览裁剪完成后航拍的城市夜景风光照片，效果如图 12-5 所示。

▲ 图 12-5 预览裁剪完成后航拍的城市夜景风光照片

12.1.2 镜像翻转照片

在 MIX APP 中，使用“翻转”功能可以对照片进行镜像翻转处理。下面介绍镜像翻转照片的具体操作方法。

Step01 打开 MIX APP，在主界面点击“编辑”按钮，选择相应的照片，1点击“裁剪”图标，进入“裁剪”界面；2点击“翻转”按钮，如图 12-6 所示。

Step02 执行操作后，即可镜像翻转照片，效果如图 12-7 所示。

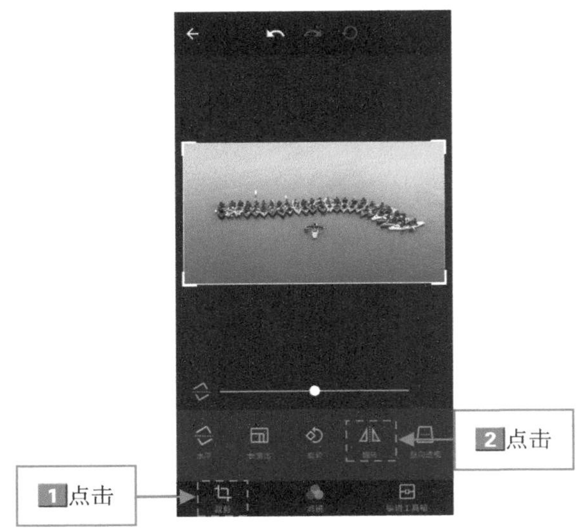

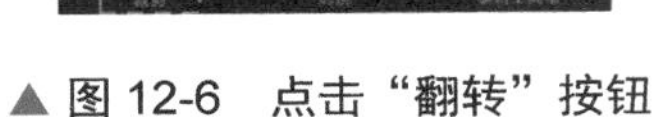

▲ 图 12-6 点击“翻转”按钮

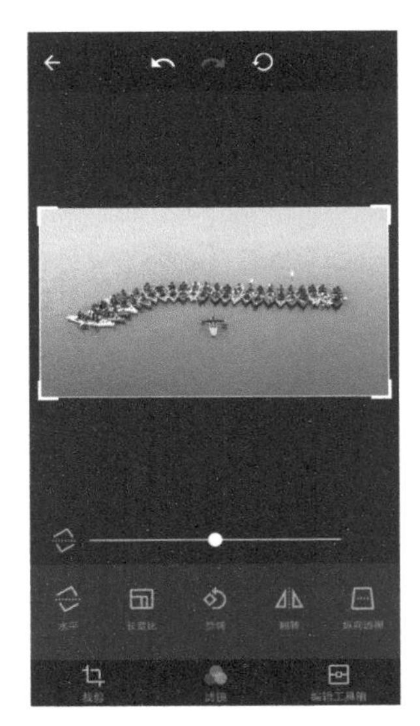

▲ 图 12-7 镜像翻转照片

Step 03 保存照片，预览镜像翻转后的照片效果，如图 12-8 所示。

▲ 图 12-8 镜像翻转后的照片效果

12.1.3 调整色彩与色调

在 MIX APP 中，用户可以选择相应的色彩调整工具来对风光照片进行调整，按照不同风光照片所展现的画面效果不同，通过调整风光照片的色彩与色调，来完善照片整体的色彩，让风光照片的画面更具有感染力。下面介绍调整色彩与色调的操作方法。

Step 01 打开 MIX APP，导入一张照片素材，点击右下角的“编辑工具箱”按钮，如图 12-9 所示。

Step 02 执行操作后，进入调整界面，点击“对比度”按钮，可以调整照片的对比度，如图 12-10 所示。

▲ 图 12-9　点击“编辑工具箱”按钮

▲ 图 12-10　调整照片对比度

Step 03 点击“饱和度”按钮，可以调整照片的饱和度效果，如图 12-11 所示。

Step 04 点击“色调”按钮，可以调整照片的色调效果，如图 12-12 所示。

Step 05 点击“色温”按钮，可以调整照片的色温效果，如图 12-13 所示。

图 12-11　调整饱和度　▲ 图 12-12　调整色调　▲ 图 12-13　调整色温

☆专家提醒☆

在 MIX APP 中，点击“编辑工具箱”按钮，进入调整界面，在其中还可以调整照片的曝光、高光、阴影、层次、锐化、噪点、暗角、中心亮度、褪色以及黑白效果等。

Step 06 保存照片，预览调整照片色彩与色调后的效果，如图 12-14 所示。

▲ 图 12-14　预览调整照片色彩与色调后的效果

12.1.4　调整照片的色彩平衡

在 MIX APP 中，“色彩平衡”功能主要通过对处于高光、中间调及阴影区域中指定颜色进行增加或减少来改变照片的整体色调。下面介绍调整照片色彩平衡的操作方法。

Step 01 打开 MIX APP，导入一张照片素材，点击右下角的“编辑工具箱”按钮，如图 12-15 所示。

Step 02 进入调整界面，点击“色彩平衡”图标，进入参数调整界面，如图 12-16 所示。

Step 03 在其中设置 R 为 100、G 为 88、B 为 85，调整照片色彩平衡，如图 12-17 所示。

▲ 图 12-15　点击“编辑工具箱”按钮

▲ 图 12-16　点击“色彩平衡”图标

▲ 图 12-17　调整各参数值

Step 04 保存照片，预览调整照片色彩平衡后的效果，如图 12-18 所示。

▲ 图 12-18　预览调整照片色彩平衡后的效果

12.1.5　为照片添加滤镜换天效果

MIX APP 的“魔法天空”滤镜组包括 M201 ～ M216 共 16 个滤镜效果，可以在画面中的天空部分合成各种特效，就像是魔术师可以随意变换天气一样，瞬间打造出创意十足的天空奇观。图 12-19 是在长沙市河西文化艺术中心航拍的照片，天空显得有些泛白，下面我们使用 MIX APP 照片换天。

▲ 图 12-19　长沙市河西文化艺术中心航拍的照片

Step 01 打开 MIX APP，导入一张照片素材，进入“滤镜”界面，如图 12-20 所示。

Step 02 从右向左滑动滤镜库，点击“魔法天空”滤镜，如图 12-21 所示。

▲ 图 12-20 进入“滤镜”界面

▲ 图 12-21 点击“魔法天空”滤镜

Step 03 进入“魔法天空”滤镜组，点击 M206 滤镜，如图 12-22 所示。

Step 04 执行操作后，即可在上方预览应用 M206 滤镜后的效果，如图 12-23 所示。

▲ 图 12-22 点击 M206 滤镜

▲ 图 12-23 应用 M206 滤镜后的效果

☆专家提醒☆

MIX 滤镜大师内置的原创创意滤镜，可以帮助我们一键编辑出媲美单反大片的视觉效果。MIX 滤镜大师 APP 的“电影色”滤镜组中，包括 C101 ～ C111 共 11 个滤镜效果，可以模拟出不同类型的电影色调效果，赋予照片电影胶片般的质感，散发出电影唯美的气息，更吸引人，无须任何技术含量即可轻松实现。

Step 05 保存照片，预览应用“魔法天空”滤镜后的照片效果，如图 12-24 所示，替换天空后，是不是觉得天空中的云彩更有立体感了，这就是 MIX 中“魔法天空”的魅力。

▲ 图 12-24　应用“魔法天空”滤镜后的照片效果

12.1.6　为照片添加纹理特殊效果

“MIX 滤镜大师”APP 具有丰富的纹理素材，包括炫光、渐变、漏光、颗粒、舞台、雨滴、天气等不同类型的纹理，例如，“雨滴”纹理可以模拟出镜头上的雨滴拍摄效果。下面介绍为照片添加纹理光照、雨滴效果的操作方法。

Step 01 打开 MIX APP，导入一张照片，点击“编辑工具箱”按钮，如图 12-25 所示。

Step 02 点击“纹理”按钮，进入“纹理”界面，如图 12-26 所示。

▲ 图 12-25　点击“编辑工具箱”按钮

▲ 图 12-26　进入“纹理”界面

Step 03 向左滑动屏幕，选择“雨滴”纹理效果，如图 12-27 所示。

Step 04 打开“雨滴”滤镜库，选择 R8 雨滴效果，即可为画面添加雨滴特效，如图 12-28 所示。

▲ 图 12-27 选择“雨滴”纹理效果

▲ 图 12-28 为画面添加雨滴特效

Step 05 打开“天气”滤镜库，在其中点击 W1 下雨滤镜，即可为照片添加下雨特效，如图 12-29 所示。

Step 06 点击 W2 下雪滤镜，即可为照片添加下雪特效，如图 12-30 所示。

▲ 图 12-29 为照片添加下雨特效

▲ 图 12-30 为照片添加下雪特效

Step 07 为照片添加相应的滤镜后，保存照片，预览照片效果，如图 12-31 所示。

▲ 图 12-31　预览照片效果

12.2　Photoshop 处理，调出照片精彩画质

要想拍摄出来的摄影作品更加优秀，不仅要有正确的构图、丰富的色彩及画面的空间感，还需要对航拍的照片进行后期修饰与美化，通过 Photoshop 可以对风光照片进行后期处理，从而完善照片的缺憾，使之更完美。本节主要介绍使用 Photoshop 进行照片后期处理的方法。

12.2.1　裁剪照片进行二次构图

在 Photoshop 中，裁剪工具可以对照片进行裁剪，重新定义画布的大小，由此来重新定义整张照片的构图，具体操作也比较简单，下面详细介绍运用裁剪工具裁剪照片的操作方法。

Step 01 单击“文件”|“打开”命令，打开一幅素材图像，如图 12-32 所示。

Step 02 在工具箱中，选取裁剪工具，如图 12-33 所示。

▲ 图 12-32　打开一幅素材图像

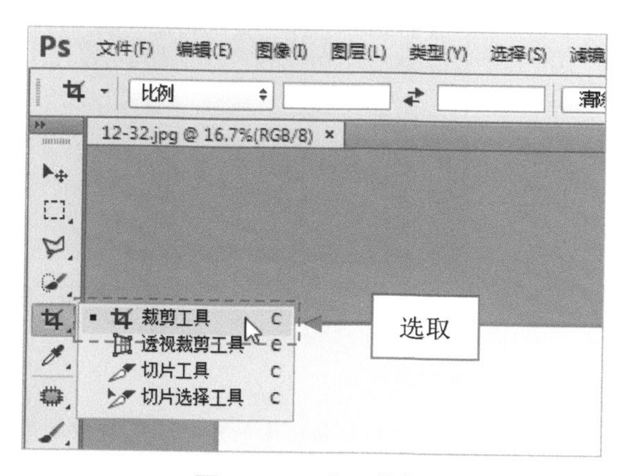

▲ 图 12-33　选取裁剪工具

Step03 此时，照片边缘会显示一个变换控制框，当鼠标指针呈↘形状时，拖曳鼠标控制裁剪区域大小，将左侧高楼放在画面左三分线的位置，上方留出三分之一的空间，确定需要剪裁的区域，如图 12-34 所示。

Step04 按【Enter】键确认，即可完成照片的裁剪，效果如图 12-35 所示。

▲ 图 12-34　确定需要剪裁的区域

▲ 图 12-35　完成照片的裁剪

12.2.2　对照片进行锐化处理

锐化工具主要用于锐化照片的部分像素，使得被编辑的照片更加清晰，对比度更加明显。在风光照片中，利用锐化工具能够使模糊的照片变得更加清晰。下面介绍锐化照片的方法。

Step01 单击“文件”|“打开”命令，打开一幅素材图像，如图 12-36 所示。

▲ 图 12-36　打开一幅素材图像

☆专家提醒☆

锐化工具可增加相邻像素的对比度，将较软的边缘明显化，使照片聚焦。此工具不适合过度使用，会导致照片严重失真。

Step02 在工具箱中，选取锐化工具，如图 12-37 所示。

Step03 在图像上单击鼠标左键并拖曳，进行涂抹，即可锐化部分区域，如图 12-38 所示。

▲ 图 12-37　选取锐化工具

▲ 图 12-38　锐化部分区域

☆专家提醒☆

选取锐化工具后，在工具栏中可以设置涂抹的强度，表示照片锐化的强度效果。

Step04 用同样的方法，对照片中的其他区域进行锐化处理，使照片的细节更加清晰，效果如图 12-39 所示。

▲ 图 12-39　对其他区域进行锐化处理

12.2.3　自动调整照片的色调

使用无人机拍摄出来的照片有些偏灰，画面色彩的饱和度不高，使用 Photoshop 中的“自动色调”功能，可以自动调整照片的色彩色调，还原照片本色。

下面介绍自动调整照片色调的具体操作方法。

Step01 单击“文件”|“打开”命令，打开一幅素材图像，如图 12-40 所示。

Step 02 在菜单栏中，单击“图像”|“自动色调”命令，如图 12-41 所示。

▲ 图 12-40　打开一幅素材图像

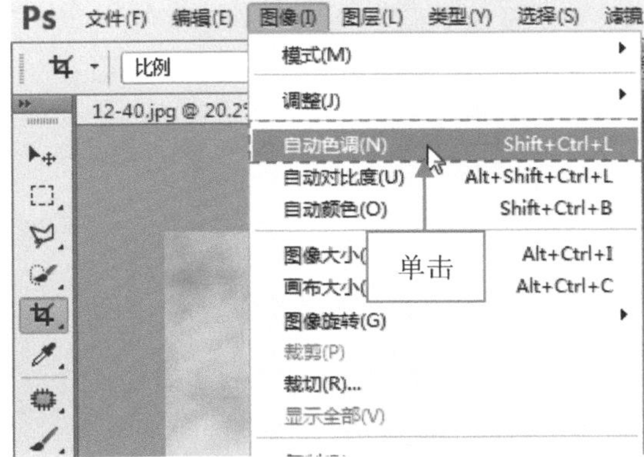

▲ 图 12-41　单击“自动色调”命令

Step 03 执行操作后，即可自动调整照片的色调，效果如图 12-42 所示。

▲ 图 12-42　自动调整照片的色调

12.2.4　调整照片色相与饱和度

在 Photoshop 中，通过“色相 / 饱和度”命令可以调整单个颜色的“色相”“饱和度”“明度”等参数值，也可以同时调整全图颜色。下面介绍调整照片色相与饱和度的操作方法。

Step 01 单击“文件”|“打开”命令，打开一幅素材图像，如图 12-43 所示。

Step 02 在菜单栏中，单击“图像”|“调整”|“色相 / 饱和度”命令，如图 12-44 所示。

Step 03 执行操作后，弹出“色相 / 饱和度”对话框，如图 12-45 所示。

Step 04 在对话框中设置“色相”为 -43、“饱和度”为 35，如图 12-46 所示。

▲ 图 12-43　打开一幅素材图像

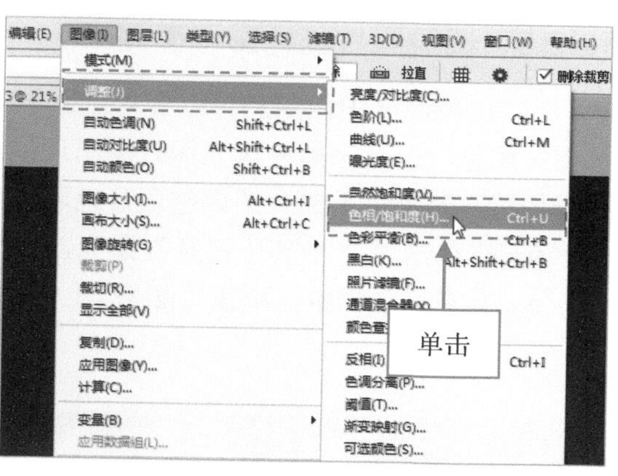

▲ 图 12-44　单击“色相 / 饱和度”命令

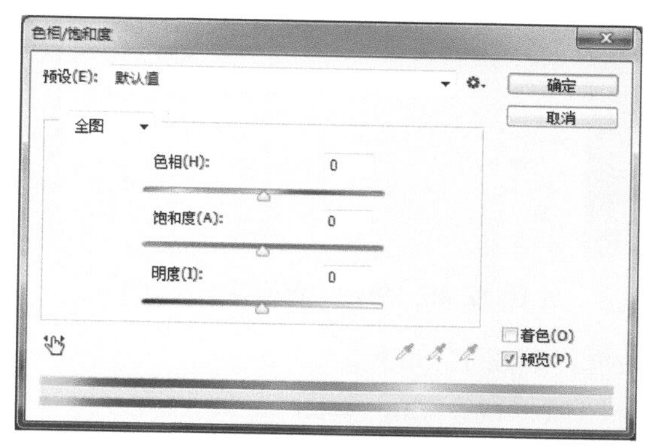

▲ 图 12-45　弹出“色相 / 饱和度”对话框

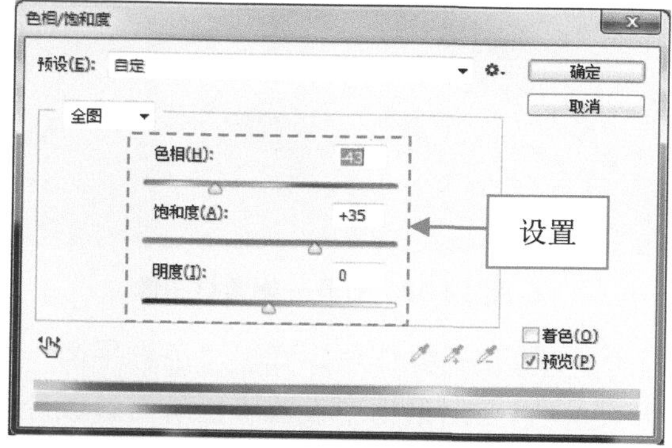

▲ 图 12-46　设置色相与饱和度参数

Step 05 单击“确定”按钮，设置照片的色相与饱和度效果如图 12-47 所示。

▲ 图 12-47　设置照片色相与饱和度效果

12.2.5 调整照片的色彩平衡效果

在 Photoshop 中，用户可以在“色彩平衡”对话框中，对照片的阴影及高光等部分进行相关调整，以此来解决风光照片中出现的色彩问题，而且通过调整色彩平衡还可以为照片添加特殊效果。下面介绍调整照片色彩平衡的操作方法。

Step 01 单击“文件”|“打开”命令，打开一幅素材图像，如图 12-48 所示。

Step 02 在菜单栏中，单击“图像”|“调整”|“色彩平衡”命令，如图 12-49 所示。

▲ 图 12-48 打开一幅素材图像

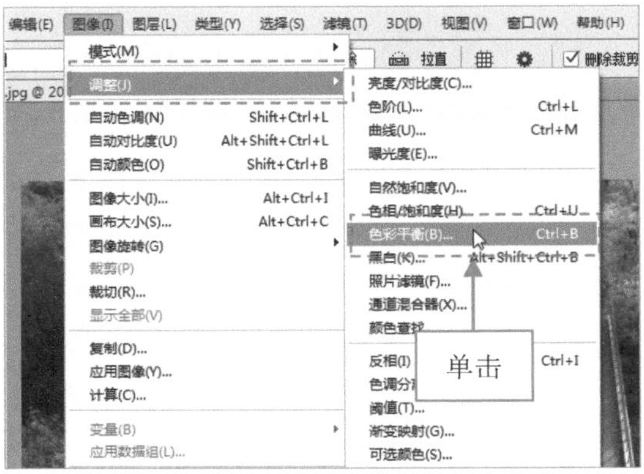

▲ 图 12-49 单击“色彩平衡”命令

Step 03 执行操作后，弹出“色彩平衡”对话框，如图 12-50 所示。

Step 04 在对话框中设置“色阶”参数分别为 -19、-17、-66，如图 12-51 所示。

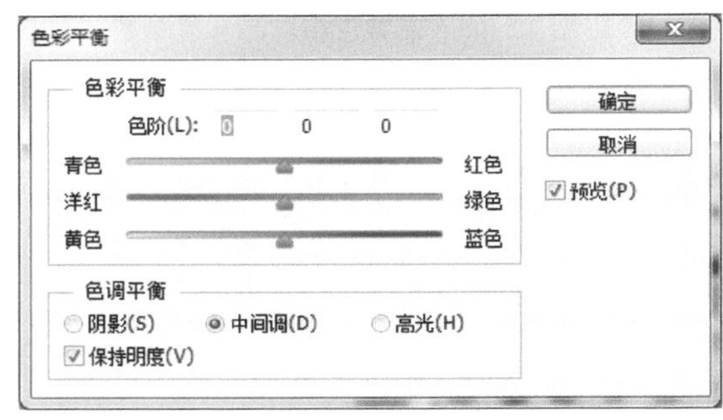

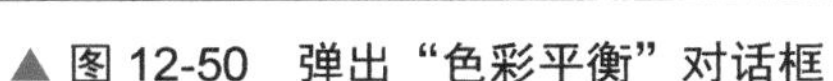

▲ 图 12-50 弹出“色彩平衡”对话框

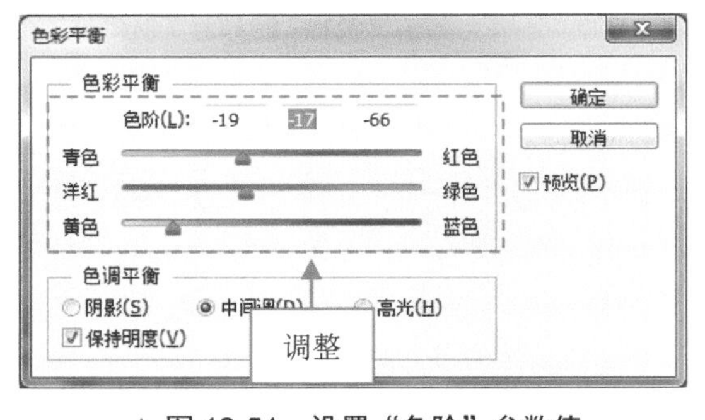

▲ 图 12-51 设置“色阶”参数值

☆专家提醒☆

在“色彩平衡”对话框中，各主要选项含义如下：

- 色彩平衡：分别显示了青色和红色、洋红和绿色、黄色和蓝色这三对互补的颜色，每一对颜色中间的滑块用于调整各主要色彩的增减。
- 色调平衡：分别选中该区域中的三个单选按钮，可以调整图像颜色的最暗处、中间处和最亮处。
- 保持明度：选中该复选框，图像像素的亮度值不变，只有颜色值发生变化。

Step 05 单击“确定”按钮，即可设置照片的色彩，调整照片色调，效果如图 12-52 所示。

▲ 图 12-52　调整照片色调的效果

12.2.6　去除照片污点，减少杂质

在 Photoshop 中，使用“内容识别 - 填充”功能可以快速去除照片中的污点与杂物，修复后的照片画面更加干净。下面介绍去除照片中的污点与杂物的方法。

Step 01 单击“文件”|“打开”命令，打开一幅素材图像，如图 12-53 所示。

Step 02 在工具箱中，选取矩形选框工具，如图 12-54 所示。

▲ 图 12-53　打开一幅素材图像

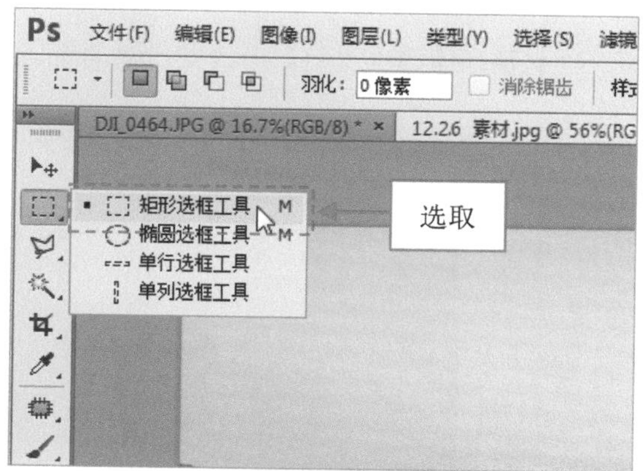

▲ 图 12-54　选取矩形选框工具

☆专家提醒☆

在 Photoshop 中，按键盘上的【M】键，也可以快速切换至矩形选框工具。

Step 03 在需要修复的图像区域，单击鼠标左键并拖曳，创建一个选区，如图 12-55 所示。

Step 04 在选区内单击鼠标右键，在弹出的快捷菜单中选择“填充”选项，如图 12-56 所示。

▲ 图 12-55　创建一个选区

▲ 图 12-56　选择“填充”选项

Step 05 弹出“填充”对话框，设置“使用”为“内容识别”，如图 12-57 所示。

Step 06 单击“确定”按钮，即可修复照片中的杂物，如图 12-58 所示。

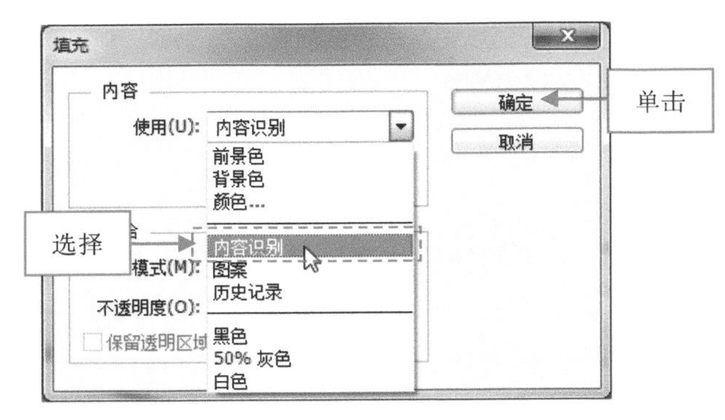

▲ 图 12-57　设置“内容识别”选项

▲ 图 12-58　修复照片中的杂物

Step 07 按【Ctrl ＋ D】组合键，取消选区，完成照片的修复操作，效果如图 12-59 所示。

▲ 图 12-59　完成照片的修复操作

第三篇

视频摄像篇

摄影师：赵高翔

第 13 章

无人机的摄像场景与拍摄技巧

学前提示

使用无人机航拍视频比航拍照片的难度要大很多，航拍照片时，只需要将无人机飞行到合适的位置，取好景，布局好画面的构图，按下“拍照”键，即可拍摄照片；而航拍视频需要更高超的飞行技术，拍摄的画面一定要稳，如果画面抖动、飘浮不定，那拍摄出来的画质肯定达不到要求。

13.1　典型的视频航拍场景，这样拍最具动感

在使用无人机进行视频航拍前，先来了解一下视频的航拍场景，场景能体现出视频画面的气势，如城市高空、体育赛事、演唱会以及民俗庆典等，这些场景在航拍的视角下会呈现出更加壮观的景象。

13.1.1　城市高空风光

城市高空的风光是非常美的，高楼林立，体现的是一个城市的发展与繁华的景象，夜幕降临的时候，城市中的灯被慢慢打开，灯火阑珊，车流光影，特别迷人。所以，城市的生活才那么令人向往，然而城市高空的风光片、宣传片，也是我们在网上、电视上经常会看到的，这样的场景显得非常大气、辽阔，如图 13-1 所示。

▲ 图 13-1　城市高空风光

13.1.2　体育赛事马拉松

我们在电视上看体育赛事的时候，很多场景也使用无人机航拍，这样拍出来的场景才显得体育赛事场面的壮观。有些城市每年都会举行马拉松比赛，几万人穿着相同的运动服装，奔跑在城市中，给城市增添了一抹亮丽的风景，使用无人机进行航拍的时候，那种万人奔跑、呐喊、动感的节奏是非常震撼的。

☆专家提醒☆

我们不能随意在体育赛事或者马拉松比赛的现场飞行无人机，因为人比较多，如果无人机飞行不当炸机了，砸下来就非常危险了，所以一定要经过相关部门允许，才能飞行，并要保证飞行安全。

13.1.3　演唱会

演唱会的场景一般都是非常热闹的，通常歌手在台上表演，下面都是成千上万的观众，场面很壮观，观众的呐喊声也是非常震撼的。

在这种大型活动中飞行无人机，也要十分注意，千万不能砸伤群众。而且，在这种大型活动中航拍，也是需要经过相关部门同意和允许才可以的，否则会被没收无人机，严重的还有可能会被拘留。

13.1.4　民俗庆典

民俗庆典来自人文与自然文化，也属于大型活动的一种，一般在少数民族过节的时候，经常会举行这样的活动，这是一种民族信仰。中国少数民族也都保留着自己的传统节日，诸如傣族的泼水节、蒙古族的那达慕大会、彝族的火把节、瑶族的达努节、白族的三月节、壮族的歌圩、藏族的藏历年和望果节、苗族的跳花节等，场景热闹非凡。

13.2　拍摄之前，先学学航拍视频的技巧

使用无人机拍摄视频，也有一些小技巧，比如如何保障无人机飞行的安全性、检测周围的信号干扰情况、把握航拍时机与瞬间、大场景中对象杂乱怎么拍、怎么调镜头才能拍得有气势等，掌握了这些小技巧，才能拍出稳稳的视频画面。

13.2.1　飞行安全保障

我们在航拍大型活动的时候，如体育赛事、演唱会以及民俗庆典等活动之前，首先需要对拍摄的环境进行踩点，包括地面环境与飞行环境，还要选择好起飞与降落无人机的地点，一般选在空旷无人、无障碍物的区域，这样才比较安全。飞行无人机时，需要避开有人群的地方，不能在人群的上空飞行，避免对他人造成损伤。

13.2.2　检测周围信号干扰

在大型活动中航拍时，由于现场的通信设备、传播设备比较多，无线电通信环境容易干扰无人机的信道，影响无人机飞行的稳定性，存在不良的安全隐患，所以建议用户手动设置无线电信道，避开干扰的频段，给无人机提供一个安全的飞行环境。用户可以在“图传设置”界面中，自定义信道模式，以及检测图传信号等。具体操作方法如下：

在飞行界面中，点击右上角的“通用设置”按钮，如图 13-2 所示；进入“通用设置”界面，点击左侧的“图传设置”按钮，进入“图传设置”界面，在“信道模式”右侧点击“自定义”按钮，如图 13-3 所示。

此时界面下方显示“带宽分配”数据，用户可以自定义信道，右侧显示了 10MHz 和

20MHz，这里选择 20MHz，选择数据流量较大的，以保证无人机的通信正常连接，如图 13-4 所示。

▲ 图 13-2　点击“通用设置”按钮

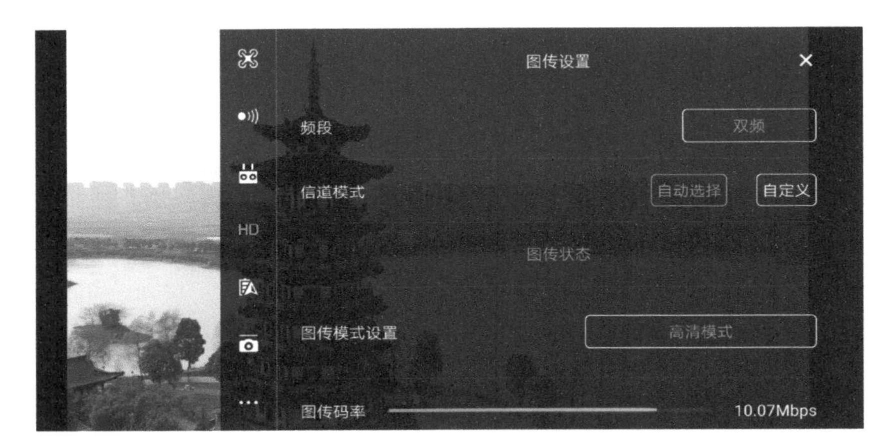

▲ 图 13-3　点击“自定义”按钮

▲ 图 13-4　显示“带宽分配”数据

☆专家提醒☆

在图 13-4 中，点击“图传模式设置”右侧的“高清模式”按钮，在弹出的选项中有“标准模式”和“高清模式”可供用户选择，这个选项影响图传屏幕的显示分辨率。

在图 13-4 的“图传设置”界面中，点击“图传状态”按钮，在弹出的信号折线图中可以查看实时的图传信号情况，其中也会显示相应的干扰环境，如图 13-5 所示，用户可以通过该折线图检测周围的信号干扰情况。

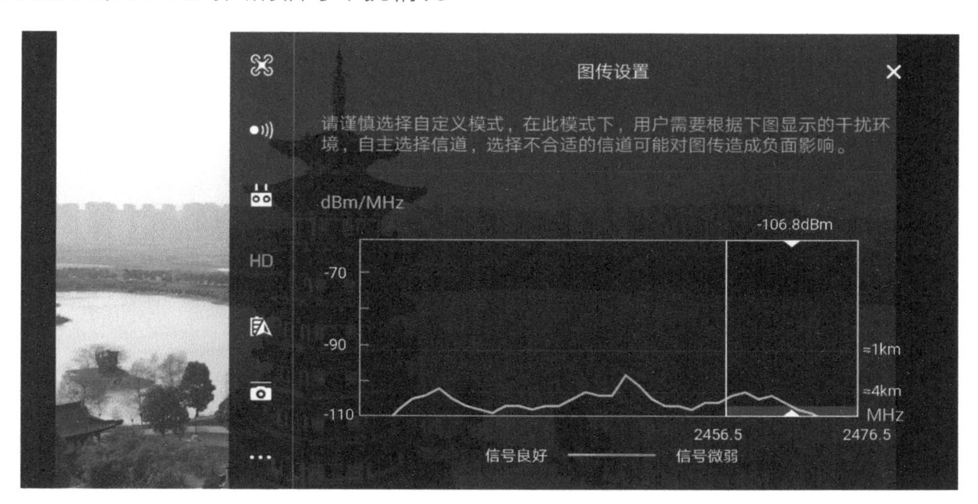

▲ 图 13-5　查看实时的图传信号情况

13.2.3　把握时机与瞬间

航拍各种赛事或者大型活动时，每一个画面航拍的机会只有一次，所以用户在航拍之前，一定要对活动的每一个环节都非常清楚，全面了解活动的整个流程，在哪些重要的环节应该如何飞行、如何拍，这些都要把握好，以确保在正确的时间点拍摄到重要的视频画面。

在航拍之前，用户需要提前对拍摄环境进行了解，并预先试飞，以保证拍摄出精彩的视频画面，并尽可能地多角度进行拍摄与飞行，制订出详细的拍摄计划。

13.2.4　大场景中对象杂乱怎么拍

我们在航拍的时候，由于视角比较大，有时候一大片体积很小的物体在画面中就会被挤成一块，看上去画面中就会缺乏主体，使大家不知道应该看哪，不明白拍摄的意义。所以，在元素比较多的环境下，为了避免场景中对象的杂乱，建议选择一个景物作为主体，而且将主体放在画面的正中心位置，然后再进行拍摄。

图 13-6 是航拍的城市风光，画面中有很多的高楼建筑主体，对象较多，显得比较杂乱，但如果将城市中最高的建筑放在画面的中心位置，这样画面就有了主体，整个场景更加大气，天空中云彩的点缀让画面更加有层次感。

▲ 图 13-6　将城市中最高的建筑放在画面的中心位置

13.2.5　怎么调镜头才能拍得有气势

画面中的景物距离一般都是通过“近大远小”的透视规律展现出来的，近处的物体会显得比较大，而远处的物体会显得比较小，我们使用无人机进行航拍的时候，尽量选择具有重复性元素、且连续延伸的景物作为拍摄对象，这样可以让画面的纵深感更强一点，使拍摄对象更显气势。如图 13-7 所示，航拍的这座桥就比较有气势，具有很强的透视效果。

▲ 图 13-7　航拍大桥（摄影师：赵高翔）

我们在航拍大场面以天空的视角鸟瞰地面各类元素时，这些元素有可能会组合成一些特殊的图案，这些图形的组合也会非常引人注目，如图 13-8 所示。

▲ 图 13-8　地面元素组合成不同的图案

13.3　这些地方不注意，视频会白拍

航拍视频之前，需要我们好好学习和了解一下使用无人机拍摄视频时的注意事项，以帮助我们拍摄出更好的视频画面。

13.3.1　让视频有速度感

有些视频拍出来特别具有动感的效果，给人一种快速的感觉，我们在航拍这一类视频的时候，画面一定要稳，不能抖动，可以通过后期处理软件对视频画面进行加速处理，使视频播放更快一点，这是一种操作方式。

还有一种操作方式，是将多种带速度的视频剪辑合成到一起，然后添加一段动感的音乐作为配乐，这样也可以让整段视频给人一种快节奏的速度感。

13.3.2　寻找合适的前景对象

前景是指在拍摄的主体前方利用一些陪衬对象来衬托主体，使画面更具有空间感和透视感，还可以增加许多想象的空间。通过陪衬的前景以穿越飞行的方式，再展现画面主体对象，可以拍出震撼的画面场景效果。

如图 13-9 所示，以雾为前景，山为拍摄主体，无人机通过向前飞行的方式，穿过大雾，最后显示蜿蜒的山脉，这种画面感也是非常吸引人的。

▲ 图 13-9 寻找合适的前景对象（摄影师：赵高翔）

13.3.3 逆光画面如何拍摄

逆光是一种被摄主体刚好处于光源和相机之间的情况，太阳在相机的正前方，这种情况容易造成被摄主体出现曝光不足或者曝光过度，这个时候我们需要手动设置好视频的拍摄参数，如 ISO、快门以及光圈值等。在光线比例合理的情况下，使用低 ISO 的参数来拍摄视频，这样可以保证画质的清晰度。逆光情况下，可以出现眩光的特殊效果，如果拍摄参数设置得当，这也是一种极佳的艺术摄影技法，图 13-10 就是逆光下拍摄的建筑。

▲ 图 13-10 逆光下拍摄的建筑

第 14 章

无人机拍摄视频前的参数设置

学前提示

航拍照片前，我们需要设置照片的拍摄参数；航拍视频前，同样也需要进行相关的视频设置，才能拍摄出符合我们要求的视频画面，如设置视频最佳的曝光参数、设置视频的拍摄尺寸、设置视频的存储格式以及设置视频的白平衡参数等，只有熟练掌握这些参数的设置，才能得到我们需要的画面效果。

14.1 视频最佳曝光参数如何设置

新手在航拍视频时，很容易在曝光参数上出错，如果参数设置不当，就无法拍摄出符合要求的视频画面，等于浪费了飞行的时间和精力。所以，熟练掌握 ISO、快门和光圈值三者之间的搭配关系很重要，如果实在不会设置，可以使用自动曝光模式来保证基本拍摄场景下的正确曝光，如图 14-1 所示。

▲ 图 14-1　使用自动曝光模式来保证基本拍摄场景下的正确曝光

在一些光线比较特殊的环境下，如果无人机的曝光效果不够准确，此时可以在设置界面中打开直方图，如图 14-2 所示，然后手动调节 EV 参数，使直方图的峰值集中在中间，这样也能获得正确的曝光。拍摄时，一定要注意不能使画面曝光过度，否则后期处理非常困难。

▲ 图 14-2　打开直方图获得正确的曝光效果

14.2 视频尺寸设置不对，影响素材用途

在设置界面中，一共有四种视频尺寸可以让用户选择，分别是 3840×2160 HQ、

3840×2160 Full FOV、2688×1512、1920×1080，一般情况下，1920×1080 的视频录制尺寸就能满足我们的基本需求，对于一些特定的高像素视频，可以选择 4K 高尺寸的视频选项。

14.2.1　4K 视频：3840×2160 HQ

4K 是一种高清显示技术，3840×2160 HQ 的视频尺寸属于 4K 分辨率的范围，HQ 模式的视角约为 55°，能显示超精细的视频画面，在该分辨率下能让用户看清画面中的每一个小细节、每一个特写，3840×2160 的水平清晰度为 3840，垂直清晰度为 2160，宽高比为 16 ∶ 9，总约 830 万像素。下面介绍选择 4K 3840×2160 HQ 视频尺寸的操作方法。

Step 01 进入 DJI GO 4 APP，进入飞行界面，1 点击右侧的“调整”按钮，进入相机调整界面；2 切换至“录像”选项卡；3 选择“视频尺寸”选项，如图 14-3 所示。

▲ 图 14-3　选择“视频尺寸”选项

Step 02 进入“视频尺寸”界面，其中提供了四种视频尺寸，这里选择 3840×2160 HQ 选项，下方有三种视频帧率可供选择，如图 14-4 所示。

▲ 图 14-4　选择 3840×2160 HQ 选项

14.2.2 4K 视频：3840×2160 Full FOV

上一节内容提到的 HQ 模式的视角约为 55°，而 Full FOV 模式保留了完整的 75° 视角，其实两种格式都属于 4K 视频，用户可以根据拍摄需求进行选择。在“3840×2160 Full FOV”视频选项下，同样也提供了三种视频帧率可供用户选择，如图 14-5 所示。

▲ 图 14-5 选择“3840×2160 Full FOV”视频选项

14.2.3 2.7K 视频：2688×1512

2688×1512 视频尺寸的水平清晰度为 2688，垂直清晰度为 1512，也算是一种比较高清的视频尺寸了，该视频尺寸下提供了六种视频帧率可供用户选择，如图 14-6 所示。

▲ 图 14-6 提供了六种视频帧率可供用户选择

14.2.4 1080 P 视频：1920×1080

1920×1080 是一种标准的视频尺寸，现在很多显示器也是 1920×1080 的分辨率，可以满足大部分用户的基本需求。在该视频尺寸下，提供了七种视频帧率，如图 14-7 所示。

▲ 图 14-7　提供了七种视频帧率可供用户选择

14.3　存储格式选择不对，会给后期添麻烦

在无人机的相机设置界面中，有两种视频格式可供用户选择，一种是 MP4 格式，另一种是 MOV 格式，用户可根据自己的需求进行相应选择。

14.3.1　MP4 格式

MP4 是一套用于音频、视频信息的压缩编码标准，是网络中常用的一种视频格式，MP4 格式主要用在网络、光盘、语音发送（视频电话），以及电视广播中，因为该视频格式的容量小，画质清晰，因此深受用户的喜欢。下面介绍选择 MP4 视频格式的操作方法。

Step 01 进入飞行界面，1 点击右侧的“调整”按钮，进入相机调整界面；2 切换至“录像”选项卡；3 选择“视频格式”选项，如图 14-8 所示。

▲ 图 14-8　选择“视频格式”选项

Step 02 进入“视频格式”界面，在其中选择 MP4 格式，如图 14-9 所示，即可完成操作。

▲ 图 14-9　选择 MP4 格式

14.3.2　MOV 格式

MOV 即 QuickTime 影片格式，它是 Apple 公司开发的一种音频、视频文件格式，用于存储常用数字媒体类型。当选择 MOV 视频格式时，视频将保存为 MOV 文件。MOV 是苹果公司提供的系统及代码的压缩包，拥有 C 和 Pascal 的编程界面，更高级的软件可以用它来控制时基信号。应用程序可以用 MOV 来生成、显示、编辑、拷贝、压缩影片和影片数据。

QuickTime 因具有跨平台、存储空间要求小等技术特点，而采用了有损压缩方式的 MOV 格式文件，画面效果较 AVI 格式要稍微好一些。到目前为止，QuickTime 共有四个版本，其中以 4.0 版本的压缩率最好，是一种优秀的视频格式。这种编码支持 16 位图像深度的帧内压缩和帧间压缩，帧率每秒 10 帧以上。这种格式有些非编辑软件也可以对它进行实时处理，其中包括 Premiere、会声会影、Aftereffect 和 EDIUS 等专业级非编辑软件。

14.4　把握好光线，掌握白平衡的参数设置

通过字面上的理解白平衡就是白色的平衡，是描述显示器中红、绿、蓝三基色混合生成白色精确度的一项指标，通过设置白平衡可以解决色彩和色调处理的一系列问题。

在无人机的视频设置界面中，用户可以通过设置视频画面的白平衡参数，使画面产生不同的色调效果。本节主要向读者介绍在设置界面中设置视频白平衡的操作方法，主要包括阴天模式、晴天模式、白炽灯模式、荧光灯模式以及自定义模式等。

进入飞行界面，点击右侧的“调整”按钮，进入相机调整界面，切换至“录像”

选项卡▭，选择“白平衡”选项，如图 14-10 所示。

进入“白平衡”界面，默认情况下，白平衡参数为“自动”模式，由无人机根据当时环境的画面亮度和颜色自动设置白平衡的参数，如图 14-11 所示。

▲ 图 14-10　选择“白平衡”选项

▲ 图 14-11　白平衡参数为“自动”模式

☆专家提醒☆

很多用户在摄影时发现，在日光灯的房间里拍摄的照片会显得发绿，在室内钨丝灯光下拍摄出来的景物就会偏黄，而在日光阴影环境下拍摄出来的照片则有些偏蓝，其原因就在于白平衡的设置上。所以，白平衡的设置非常重要，可以影响画面的色感和色调。

14.4.1　阴天

如果用户是在阴天时航拍视频，则可以设置白平衡的模式为“阴天”，无人机的白平衡功能会自动加强画面的饱和度，以此来校正颜色的偏差，如图 14-12 所示。

☆专家提醒☆

如果希望把晚霞拍摄得更鲜艳、更火红，也可以将白平衡的模式设置为“阴天”，或许也可以收获到意想不到的画面效果。

▲ 图 14-12　设置白平衡的模式为“阴天”

14.4.2　晴天

如果用户在阳光明媚的天气航拍视频，则可以设置白平衡的模式为“晴天”，白平衡功能会加强画面的蓝色，以此来校正颜色的偏差，如图 14-13 所示。

▲ 图 14-13　设置白平衡的模式为“晴天”

14.4.3　白炽灯

“白炽灯”也称为“室内光”，使用“白炽灯”模式可以修正偏黄或者偏红的画面，一般适用于在钨光灯环境下拍摄的照片或者视频素材，如图 14-14 所示。如果用户是在室内航拍，根据灯光照射的效果，一定要使用“白炽灯”这个白平衡的模式。

▲ 图 14-14 设置白平衡的模式为“白炽灯”

14.4.4 荧光灯

荧光效果的色温在 3800K，适合制作自然的蓝天效果，由于各个地方使用的荧光灯不同，因而“荧光”设置也不一样，航拍师必须确定照明是哪种“荧光”，才能在无人机中设置最佳的白平衡参数，最好的办法就是“试拍”了。图 14-15 所示为“荧光灯”白平衡模式。

▲ 图 14-15 设置白平衡的模式为“荧光灯”

14.4.5 自定义参数

在无人机相机设置中，用户还可以根据不同的天气和灯光效果，自定义设置白平衡的参数，使拍摄出来的画面更加符合用户的要求。自定义白平衡参数的方法很简单，只需在

“白平衡”界面中，选择“自定义”选项，在下方拖曳自定义滑块，调整自定义白平衡的参数，如图 14-16 所示，为 3800K 与 10000K 的白平衡参数设置效果图。

▲ 图 14-16　自定义白平衡的参数

第15章 掌握空中摄像的基本拍摄手法

学前提示

航拍一段视频素材之前，首先需要规划好航拍的路线，无人机应该如何飞行、镜头应该如何取景，怎样才能拍出具有吸引力的视频场景，这是我们需要考虑的问题。本章针对这些问题，讲解空中摄像的基本拍摄手法，教大家一些基本的航拍飞行技巧，希望读者学完以后，可以举一反三，航拍出更多精彩的视频效果。

15.1 六组简单的空中摄像飞行手法

我们先从最简单的航空飞行手法开始学习，掌握好无人机的飞行航线与镜头的取景角度，是航拍视频的前提。训练飞行航线之前，我们需要对遥控器的双手操控比较熟练，这样才能保证无人机安全飞行。

15.1.1 一直向前的航线

一直向前的航线是飞行中最简单的飞行招式，是指飞行器和镜头保持一个姿势往前飞行，如图 15-1 所示。

▲ 图 15-1 一直向前的航线

☆专家提醒☆

一直向前的航线不仅是最简单的飞行航线，也是最安全的飞行航线，因为相机镜头朝前，用户可以看到无人机前方的飞行环境是否安全，遇到障碍物的时候也方便及时规避风险。如果地面有大范围美景或者大范围场景活动的时候，适合使用一直向前的飞行航线。

15.1.2 俯首向前的航线

俯首向前的航线是指将无人机上升至高空后，调整相机镜头的角度，以斜角俯视的方式进行拍摄，然后一直向前飞行，如图 15-2 所示。

15.1.3 镜头垂直向前的航线

镜头垂直向前的航线是指将相机镜头调整到与地面垂直 90°，然后保持直线向前飞行，如图 15-3 所示，这样的航线在拍摄道路的时候很有镜头感。

▲ 图 15-2　俯首向前的航线

▲ 图 15-3　镜头垂直向前的航线

15.1.4　一直向前逐渐拉高的航线

一直向前逐渐拉高的航线是指无人机先以较低的高度向前飞行，接近拍摄主体时逐渐向上飞行，从物体上方飞过，如图 15-4 所示。

▲ 图 15-4　一直向前逐渐拉高的航线

15.1.5　一直向前逐渐拉高低头的航线

一直向前逐渐拉高低头的航线是指无人机从拍摄主体上方飞过，相机镜头一直面对拍摄主体，直到与地面垂直，如图 15-5 所示。

▲ 图 15-5　一直向前逐渐拉高低头的航线

15.1.6　横移的航线

横移的航线是指无人机向左或向右横线飞行，在飞行的过程中相机镜头的姿态和飞行高度保持不变，如图 15-6 所示。

▲ 图 15-6　横移的飞行航线

15.2　视频案例分享与拍摄手法解析

通过上一节内容的学习，读者应该学会了六组简单的空中摄像飞行技巧，而本节通过两段视频案例，解析无人机航拍的手法，让读者有更深刻的理解。

15.2.1　《学校操场》视频拍摄解析

下面这段视频是在学校操场航拍的，无人机飞得比较低，我们先来预览这段航拍的视频画面，如图 15-7 所示。

▲ 图 15-7

▲ 图 15-7　预览一段《学校操场》航拍的视频画面

通过上面六个视频画面的展示，读者应该很容易看出这段视频采用的拍摄手法是一直向前的航线，无人机的飞行高度和相机的拍摄角度都没有变化，保持着一直向前飞行的姿势，画面中的人物一直向前奔跑，而无人机也保持着同样的姿势在向前飞行。

用户可以选择一片宽广的场地，练习这种航线的拍摄，这种拍摄手法是最简单的。

15.2.2　《城市建筑》视频拍摄解析

下面这段视频是在上海市上空航拍的，当时是早晨，晨雾漫天，太阳刚刚出来，晨雾也在慢慢散开，视频画面如图 15-8 所示。

▲ 图 15-8　上海市上空航拍的《城市建筑》视频画面

通过上面六个视频画面的展示，前面四个画面是以横移的航线进行飞行，然后录制的视频，从第四个画面到第五个画面，采用了一直向前的航线在飞行，并逐渐拉低了镜头，当无人机靠近建筑主体时，再向右横移了一段距离，所以拍摄出来的视频画面展现了由远及近的效果，拍摄的建筑主体也越来越近、越来越清晰。

第16章

成为机长必会的高级拍摄手法

学前提示

上一章中向读者介绍了六组非常简单的航线拍摄手法，本章将介绍一些高级的拍摄手法，如无人机横移摄像、环绕摄像、侧身摄像以及后退摄像等，但是需要用户双手配合操作，这样无人机才能飞出优美的航线，拍摄出惊人的视频作品。

16.1 无人机横移的摄像技巧

本节介绍四种无人机横移的摄像技巧，结合拉高、向前、后退、转身等一系列的飞行动作进行拍摄，希望读者熟练掌握本节内容。

16.1.1 横移 + 拉高飞行手法

横移 + 拉高飞行是指无人机在飞行的过程中，飞行姿势与相机镜头的角度保持不变，只是在横移的时候拉升飞行的高度，如图 16-1 所示。

▲ 图 16-1 横移 + 拉高飞行

☆专家提醒☆

无人机横移主要是通过右手拨动遥控器的遥杆，向左拨动遥杆表示向左横移飞行，向右拨动遥杆表示向右横移飞行。

16.1.2 横移 + 拉高 + 向前飞行手法

横移 + 拉高 + 向前飞行是指无人机同时进行了三个动作：第一个动作是横移，第二个动作是上升，第三个动作是向前飞行，如图 16-2 所示。首先是右手向左或向右拨动遥杆进行横移操作，然后是左手向上拨动遥杆进行拉高，最后是右手向上拨动遥杆向前飞行，拉高和横移可以同时进行操作，拉高和向前也可以同时进行操作。

▲ 图 16-2　横移 + 拉高 + 向前飞行

16.1.3　横移 + 拉高 + 后退飞行手法

横移 + 拉高 + 后退是指无人机同时进行横移、拉高和后退操作，与上一小节提到的飞行手法刚好相反，一个是向前飞行，一个是后退飞行，后退飞行只需要用右手向下拨动遥控即可，无人机与相机保持姿态不变的情况下，向斜后方横移的同时拉升高度，如图 16-3 所示。

▲ 图 16-3　横移 + 拉高 + 后退飞行

☆专家提醒☆

无人机在后退飞行的过程中，航拍者一定要先观察周围的飞行环境是否安全，无人机的后方是否有障碍物、建筑物、风筝或者飞行动物等，提前规避炸机风险。

16.1.4 向前＋拉高＋转身＋横移手法

向前＋拉高＋转身＋横移一共用了四组动作，当无人机向前飞行快要接近拍摄对象时，向上拉高一段距离，然后围绕拍摄对象微微转身，再横移一段距离，如图 16-4 所示。

▲图 16-4 向前＋拉高＋转身＋横移飞行

16.2 无人机环绕的摄像技巧

环绕飞行是指无人机对拍摄的主体对象进行环绕飞行，然后围着拍摄主体进行环绕拍摄，本节介绍三种无人机环绕的拍摄技巧。

16.2.1 围着目标点环绕的飞行手法

围着目标点环绕飞行是指无人机围着拍摄对象环绕飞行一圈，对拍摄主体进行 360° 全方位的拍摄，如图 16-5 所示。如果用户是左手控制“油门”的，则两个遥杆逆时针同时向外，顺时针同时向内操作，控制遥控的飞行方向和角度。

▲ 图 16-5　围着目标点环绕飞行

16.2.2　向前 + 环绕的飞行手法

向前 + 环绕是指无人机向前飞行，当快接近拍摄主体对象时，逐渐转向左或向右横移，并适时进行转身操作，控制机身方向向左或向右转动，环绕一圈，如图 16-6 所示。

▲ 图 16-6　向前 + 环绕飞行

16.2.3 向前 + 转身 180° + 后退飞行手法

向前 + 转身 180° + 后退的飞行手法，与上一小节的内容相似，只是上一节内容是环绕飞行了一圈，而本节只飞行 180°，并进行后退飞行，如图 16-7 所示。

▲ 图 16-7 向前 + 转身 180° + 后退飞行

16.3 无人机侧身的摄像技巧

本节介绍两种无人机侧向的飞行摄像技巧，包括侧身向前、侧身 + 转身 + 侧身后退的飞行手法，与前两节飞行手法相比，具有一定难度，用户需要多加练习。

16.3.1 侧身向前的飞行手法

侧身向前是指无人机以侧身的方向对着人的视线，然后侧身向前飞行，这种拍摄手法有一定难度，主要是无人机的飞行方向与遥控器的操作方向不一致，人的肉眼看着无人机是向前飞的，但无人机实际是侧身飞的，也就是不应该只操作向前飞行的遥杆，要结合向左或向右的遥杆一起。飞行之前，用户需要先观察周围的飞行环境，因为侧身向前飞行时，在飞行界面中无法看清楚无人机前方的画面。

使用侧身向前飞行手法时，用户对遥控器的遥杆操作也要非常熟练，避免紧张的情况下乱拨动遥杆，使无人机撞到障碍物。

16.3.2　侧身向前 + 转身 + 侧身后退的飞行手法

侧身向前 + 转身 + 侧身后退的飞行手法，是在上一小节的基础上又增加了一定的难度，此操作的难度在于无人机由侧身向前转为侧身后退，在连续性与精确性方面需要用户多加练习，才能录制出非常稳定的视频画面，否则视频画面会出现抖动、摇晃的情况。

16.4　无人机后退的摄像技巧

无人机在后退的过程中，一定要先观察无人机后方的飞行环境，因为在飞行中视线受阻，我们只能凭肉眼观察。本节主要向读者介绍三种无人机后退的摄像技巧。

16.4.1　后退的飞行手法

后退飞行与向前飞行的动作刚好相反，用户通过右手向下拨动遥杆，即可实现无人机后退的飞行效果，如图 16-8 所示。

▲ 图 16-8　无人机后退的飞行航线

通过图 16-8 展示的飞行航线，下面以视频画面的方式展示通过后退飞行手法拍摄的视频画面效果，如图 16-9 所示。

▲ 图 16-9　后退飞行手法拍摄的视频画面效果

16.4.2　后退 + 拉高的飞行手法

后退 + 拉高的飞行手法具有一定的难度，无人机在后退的过程中还要上升，让眼前的画面呈现出一片宽阔的景象。图 16-10 是无人机在后退 + 拉高的过程中航拍的视频画面效果。

▲ 图 16-10　后退 + 拉高的过程中航拍的视频画面效果（摄影师：赵高翔）

16.4.3　拉高 + 旋转上升的飞行手法

拉高 + 旋转上升的飞行手法是指镜头以垂直 90° 的方式拍摄地面，但无人机通过不断地旋转拉高上升，显示出更多的地面场景。这种拍摄手法使用得比较多，用处也非常大，可以用来拍摄大范围的场景效果。

摄影师：赵高翔

第17章 摄像时无人机镜头的运动方式

学前提示

航拍视频画面时，无人机镜头的运动方式分为两种，一种是向前镜头，一种是后退镜头，运动方式不一样，航拍出来的视频效果对于观众的吸引力也不同。向前镜头可以慢慢地看清主体，拍出主体对象的特写；后退镜头可以慢慢展现出更宽阔的画面，体现出场景的宏伟和大气。

17.1 向前镜头航拍，给观众带来期待感

向前镜头是指无人机向前飞行时，所呈现出来的画面效果。向前镜头所拍摄的场景可以分成六种情况：平拍前进没有主体、平拍前进有主体、扣拍前进、前进的同时向上摇镜头、前进的同时向下摇镜头以及前进对冲拍摄，本节将针对这些内容分别进行相关的介绍。

17.1.1 平拍前进没有主体

平拍前进时，画面中没有主体，这种拍摄方式一般在什么情况下使用呢？

这类镜头主要用来交代故事的背景环境，在拍摄时，无人机一般以缓慢的方式前进，飞行速度较慢，如图 17-1 所示。

▲ 图 17-1　平拍前进时画面中没有主体

☆专家提醒☆

一般在大型电影或电视剧的开头部分，就有这种无主体的航拍画面，主要用来交代故事的背景，对背景环境进行说明。

17.1.2 平拍前进有主体

航拍视频时，如果我们需要表现主体的场景环境，就可以由远及近地拍摄，当无人机慢慢靠近被摄主体时，镜头通过在画面中不断地“放大”主体，来强调主体，如图 17-2 所示。

▲ 图 17-2　平拍前进画面中有主体

17.1.3　前进的同时向上摇镜头

无人机向前飞行的过程中，通过拨动云台俯仰控制拨轮将镜头向上摇起，逐渐显示拍摄的主体，这种镜头运动方式也能给观众带来期待感，因为不知道接下来会出现什么样的画面。在航拍摄像中，这种镜头常常出现于影片的开场部分。

17.1.4　前进的同时向下摇镜头

无人机向前飞行的过程中，通过拨动云台俯仰控制拨轮将镜头向下摇，逐渐显示故事的场景或主体，这样的镜头有一种让观众坠入拍摄场景的感觉。

17.1.5 扣拍前进拍摄

扣拍前进拍摄是指镜头以垂直 90° 的方式向前飞行，云台相机镜头向下，场景中的元素逐次入画，这类镜头也通常是交代环境，逐次展现画面让人更有期待感，如图 17-3 所示。

▲ 图 17-3 云台相机镜头向下垂直 90° 飞行

17.1.6 前进对冲拍摄

前进对冲拍摄是指无人机与拍摄主体对冲，一个刚好过来，一个刚好过去，对冲的主体一般是以比较快的速度进行对冲运动的，画面极具速度感。我们在拍摄这样的场景时，无人机通常处于低空飞行状态，这样才有较强的视觉冲击力，一般用来拍摄赛车、滑雪、冲浪等运动项目。

17.2 后退镜头航拍，慢慢退出故事场景

后退镜头是指无人机以后退的方式飞行，镜头中的主体越来越远、越来越渺小直至消失。本节介绍两种后退镜头的运动方式。

17.2.1 平拍缓慢后退

平拍缓慢后退的拍摄方式一般出现在哪些情境中呢？常用于影片转场或结束的时候，

画中的主体渐渐远离，将观众带离当时的场景，代表着剧情的结束，如图 17-4 所示。

▲ 图 17-4 平拍缓慢后退的拍摄方式

17.2.2 平拍快速后退

平拍快速后退是指无人机以较快的速度进行后退飞行，不管是缓慢后退还是快速后退，后退镜头都能够表现主体与环境的关系，根据拍摄主体与影片节奏的不同，用户可以选择适合的后退速度来表达拍摄的思想。以比较快的速度进行后退飞行，镜头中的画面能给观众的视觉带来强烈的冲击感。

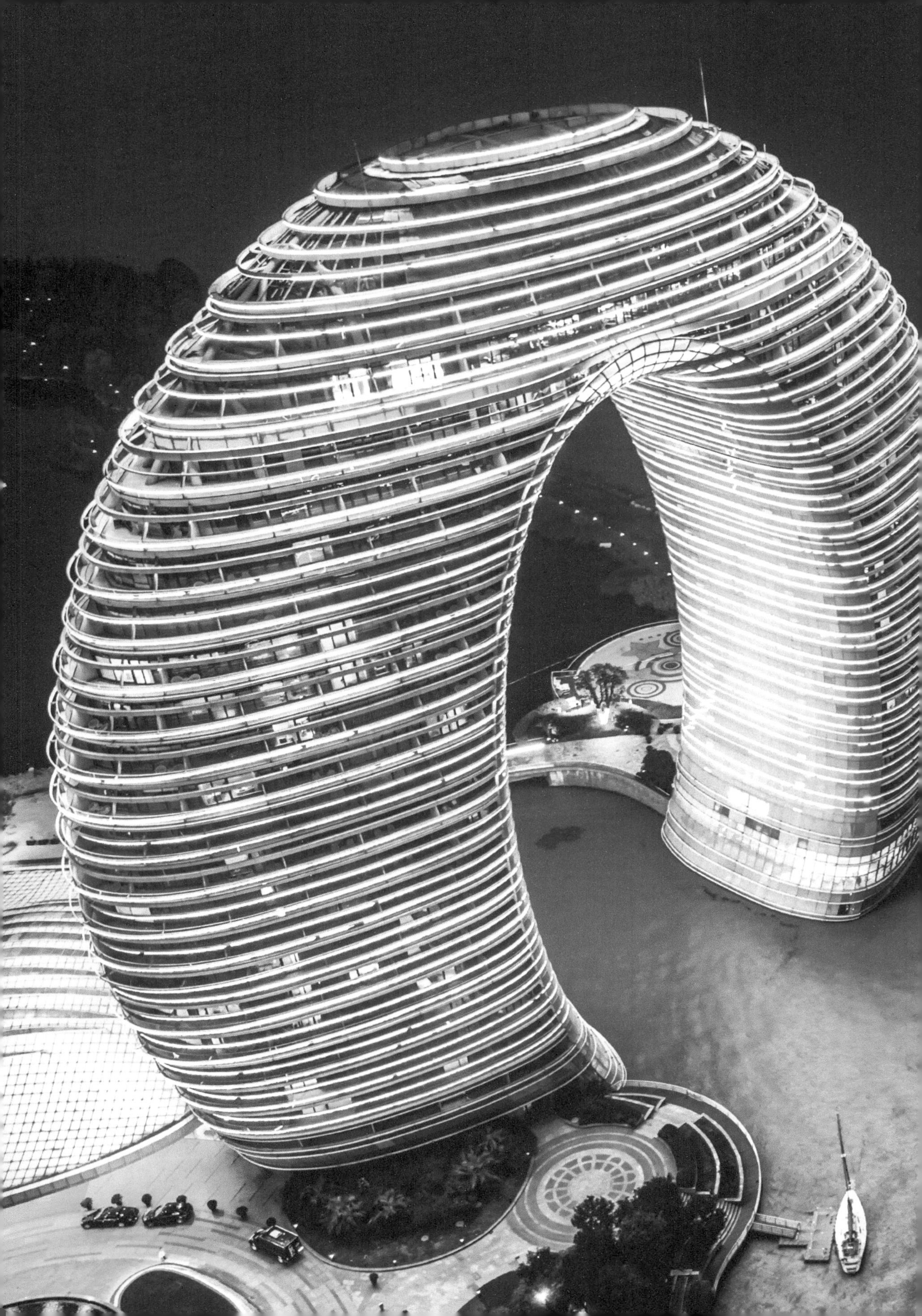

第 18 章

视频的后期处理：手机 + 电脑精修

学前提示

随着无人机视频拍摄与分享平台的相互结合，越来越多的摄影爱好者更喜欢用视频的方式，在各大互联网平台上展现自己，用视频的方式来展现自我，张扬个性！但刚开始航拍出来的视频都是原片，我们需要通过手机 APP 或者视频剪辑软件对视频画面进行处理与精修，使制作的视频更加吸引观众的眼球。

18.1 手机 APP 处理，一键修出精彩片段

用户可以通过视频剪辑APP对录制的视频文件进行相应的处理，如去除视频背景原声、调整视频播放速度、调节视频的色彩与色调以及为视频添加字幕与音效等，使制作的视频更加具有吸引力。本节主要以VUE APP为例，介绍使用手机APP处理视频画面的操作方法。

18.1.1 将视频背景原声进行删除

我们在航拍视频时，视频中会有许多的背景杂音，这些声音并不符合我们对于视频的编辑需求，此时需要去除视频的背景原声，以方便后期再重新添加背景音乐文件。

Step 01 打开 VUE APP，进入软件启动界面，稍等片刻，进入 APP 首页，点击下方中间的“编辑”按钮，如图 18-1 所示。

Step 02 进入“视频编辑”界面，点击左下角的“导入”按钮，在 VUE 界面中导入一段航拍的视频素材，如图 18-2 所示。

▲ 图 18-1　点击编辑按钮

▲ 图 18-2　导入一段航拍的视频

☆专家提醒☆

VUE APP 是由北京跃然纸上科技有限公司开发出来的视频软件，主打朋友圈小视频的拍摄与后期制作，VUE APP 最大的亮点就是界面简洁干净，以黑白色为主，且视频风格偏向潮流与清新，电影感是 VUE APP 一贯奉行原则，让视频呈现电影质感。在 VUE APP 界面中，用户不仅可以导入一段视频，还可以分段导入多个不同的视频进行合成处理。

Step 03 点击导入的视频素材，下方出现“静音”按钮，点击该按钮，如图 18-3 所示。

Step 04 此时“静音”按钮变为“取消静音”按钮，按钮呈红色显示，表示已去除视频中的背景声音，如图 18-4 所示。

▲ 图 18-3　点击“静音”按钮

▲ 图 18-4　按钮呈红色显示

18.1.2　为视频添加滤镜效果

VUE 视频处理 APP 为用户提供了多种风格的视频滤镜效果，通过视频滤镜可以掩饰视频素材的瑕疵，还可以令视频产生绚丽的视觉效果。下面介绍为视频添加滤镜的方法。

Step 01 选择第一段视频，点击下方的“滤镜”按钮，如图 18-5 所示。

Step 02 进入“滤镜”界面，下方提供了多种滤镜样式，从右向左滑动滤镜样式，选择 P20 滤镜效果，如图 18-6 所示，即可为视频添加滤镜效果。

▲ 图 18-5　点击“滤镜”按钮

▲ 图 18-6　选择 P20 滤镜效果

18.1.3 调整视频的播放速度

在抖音短视频平台或者朋友圈中，用户只能上传 10 秒的小视频文件，微信朋友圈不支持上传超过 10 秒长度的小视频，此时用户需要调整视频的播放速度，以符合平台的上传要求。

Step 01 选择第一段视频，点击“速度”按钮，如图 18-7 所示。

Step 02 进入“速度”界面，其中提供了五种速度，有快速度和慢速度，如图 18-8 所示。

▲ 图 18-7　点击“速度”按钮

▲ 图 18-8　提供了五种速度

Step 03 点击“2×”按钮，是以 2 倍的速度播放视频，如图 18-9 所示。

Step 04 点击向左箭头按钮←，返回“视频编辑”界面，其中可以看到调整为 2 倍速度后的视频，时间由 20 秒显示为 10 秒，如图 18-10 所示。

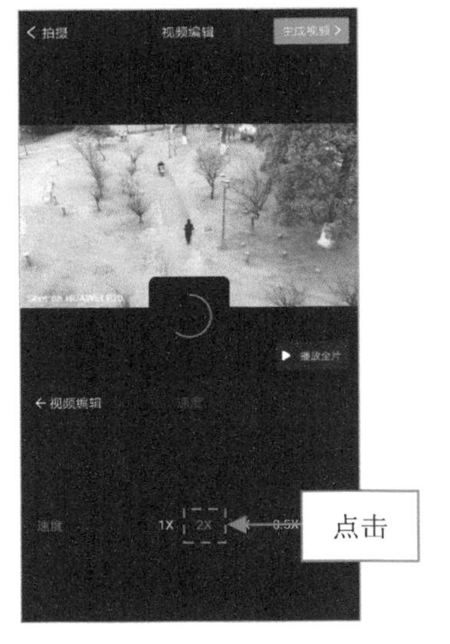

▲ 图 18-9　点击 2× 按钮

▲ 图 18-10　调为 10 秒小视频

☆专家提醒☆

用户除了可以通过调整视频的播放速度来减少视频的整体时长，还可以通过“截取”的方式只截取视频中的某一小段，在同一段视频中，用户可以只截取其中的几秒，或者只截取出某一小片段，然后将多段精彩的片段进行合成，制作出一段完整的视频。

18.1.4　调节视频色彩与色调

无人机录制的视频画面色彩大多过于暗淡，此时用户可以通过后期处理 APP 调整视频画面的色彩与色调，使视频画面更加符合用户的要求。下面介绍调节视频色彩与色调的方法。

Step 01 选择导入的视频文件，点击“画面调节”按钮，如图 18-11 所示。

Step 02 进入“画面调节”界面，在界面下方可以调节视频的亮度、对比度、饱和度、色温、暗角以及锐度等参数，用手滑动控制条，可以调整参数值的大小，被调整过后的参数呈红色显示，如图 18-12 所示，即可调节视频的色彩与色调效果。

▲ 图 18-11　点击“画面调节”按钮

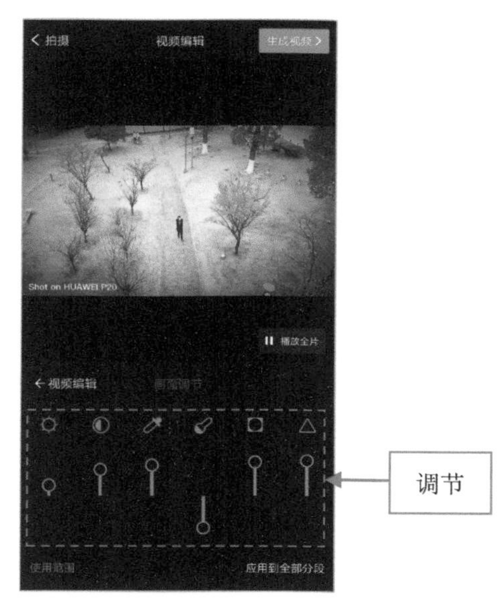

▲ 图 18-12　调整参数的大小

18.1.5　制作视频的文字效果

文字在视频中可以起到画龙点睛的作用，可以很好地传达视频的思想，以及作者想表达的信息。下面介绍在视频中添加文字效果的操作方法。

Step 01 点击“文字”按钮，进入编辑器，点击“标题”按钮，如图 18-13 所示。

Step 02 进入“标题”界面，点击“小标题”按钮，如图 18-14 所示。

Step 03 进入相应的界面，1 输入文字内容；2 点击对勾按钮，如图 18-15 所示。

Step 04 返回“视频编辑”界面，在屏幕上通过拖曳文字的方式调整文字至合适位置，效果如图 18-16 所示。

▲ 图 18-13　点击“标题”按钮

▲ 图 18-14　点击“小标题”按钮

▲ 图 18-15　输入文字内容

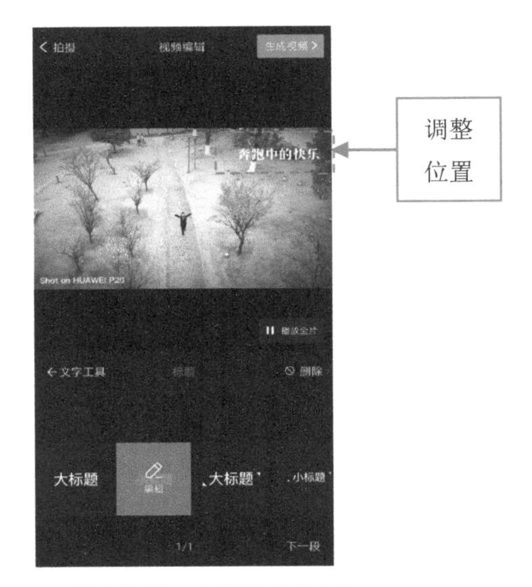

▲ 图 18-16　调整文字位置

18.1.6　制作视频的背景音乐

音频是一部影片的灵魂，在后期制作中，音频的处理相当重要，如果声音运用恰到好处，往往给观众带来耳目一新的感觉。下面介绍为视频添加背景音乐的操作方法。

Step 01 在“视频编辑”界面中，1 点击“音乐”按钮，进入“音乐”编辑器；2 点击“二月中文精选”按钮，如图 18-17 所示。

Step 02 进入“二月中文精选”界面，在其中选择一首喜欢的歌曲作为视频的背景音乐，被选中的歌曲上方显示“编辑”二字，如图 18-18 所示。

Step 03 点击“编辑”按钮，进入音乐编辑界面，在其中用户可以选取歌曲中的某一小段作为背景音乐，向左或向右拖曳音乐滑块，即可进行选取，如图 18-19 所示，即可完成背景音乐的添加操作。

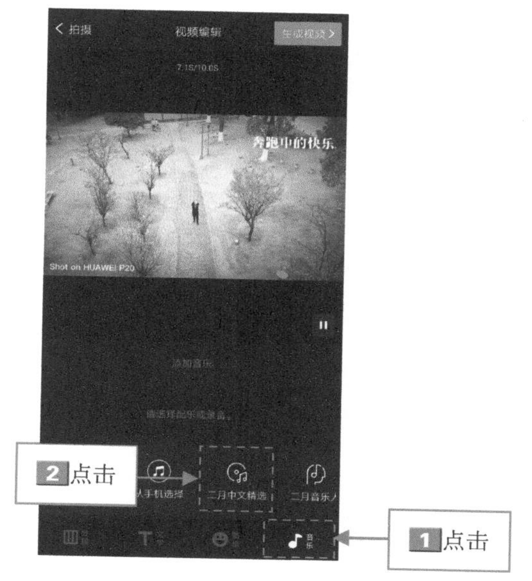

▲ 图 18-17　点击“二月中文精选”按钮

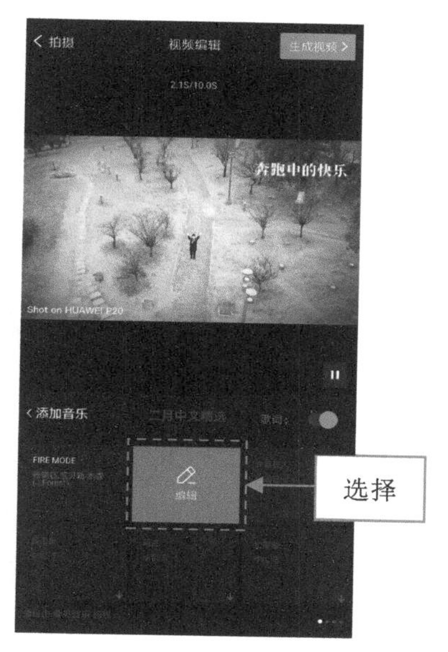

▲ 图 18-18　选择“编辑”选项

▲ 图 18-19　截取音乐片段

18.1.7　输出制作的视频文件

经过一系列的编辑与处理后，可以输出成品视频了，输出的视频可以进行保存，也可以发布到其他平台中，与网友一起分享制作的成果。下面介绍一键输出成品视频文件的操作方法。

Step 01 在“视频编辑”界面中，点击右上角的“生成视频”按钮，如图 18-20 所示。

Step 02 进入视频输出界面，显示视频输出进度，如图 18-21 所示。

▲ 图 18-20 点击“生成视频”按钮

▲ 图 18-21 显示视频输出进度

Step 03 待视频输出完成后，进入“分享”界面，点击下方的“保存并发布”按钮，如图 18-22 所示。

Step 04 执行操作后，即可在 VUE 媒体平台中发布制作的视频效果，如图 18-23 所示，同时成品的视频文件会存储于手机相册中。

▲ 图 18-22 点击“保存并发布”按钮

▲ 图 18-23 发布的视频文件

Step 05 点击发布的视频，即可开始播放视频，并显示视频画面，效果如图 18-24 所示。

▲ 图 18-24　开始播放视频画面

18.2 Premiere 处理，助你成为后期大师

Premiere Pro CC 是一款具有强大编辑功能的视频编辑软件，其简单的操作步骤、简明的操作界面、多样化的效果受到广大用户的青睐。本节主要介绍通过 Premiere Pro CC 软件剪辑、编辑与处理视频的操作方法。

18.2.1 新建序列导入视频素材

在编辑视频素材之前，首先需要将视频素材导入 Premiere Pro CC 软件中，下面介绍导入视频素材至轨道中的操作方法。

Step 01 启动 Premiere Pro CC 软件，新建一个项目文件，在菜单栏中单击“文件” | “新建” | “序列”命令，如图 18-25 所示。

Step 02 弹出“新建序列”对话框，其中各选项为默认设置，单击“确定”按钮，如图 18-26 所示。

Step 03 执行操作后，即可新建一个空白的序列文件，显示在“项目”面板中，如图 18-27 所示。

Step 04 在“项目”面板中单击鼠标右键，在弹出的快捷菜单中选择“导入”命令，如图 18-28 所示。

Step 05 弹出“导入”对话框，在其中选择需要导入的视频文件，单击“打开”按钮，如图 18-29 所示。

Step 06 将视频文件导入“项目”面板中，显示视频缩略图，如图 18-30 所示。

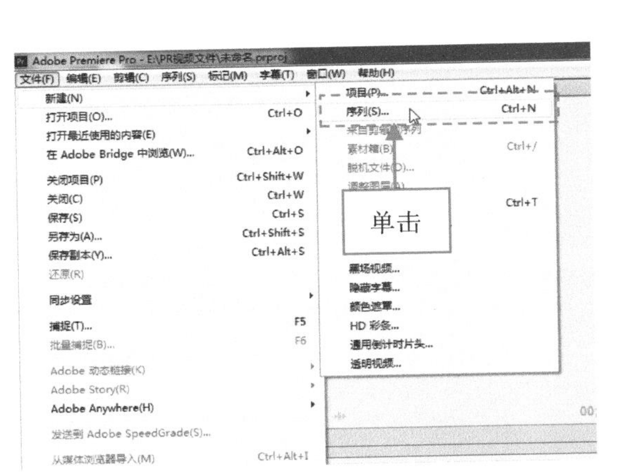

▲ 图 18-25　点击“序列”命令

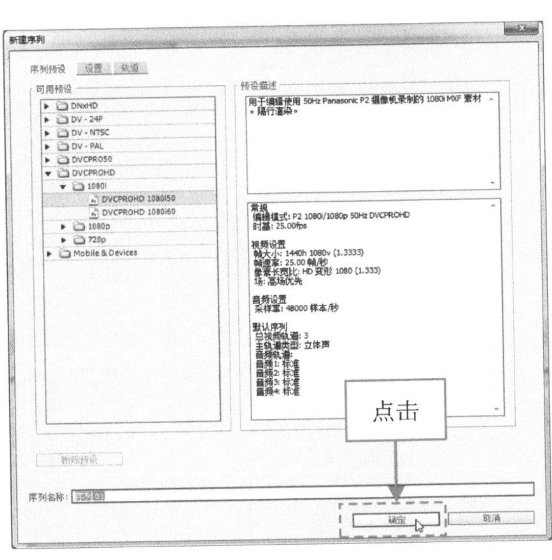

▲ 图 18-26　单击“确定”按钮

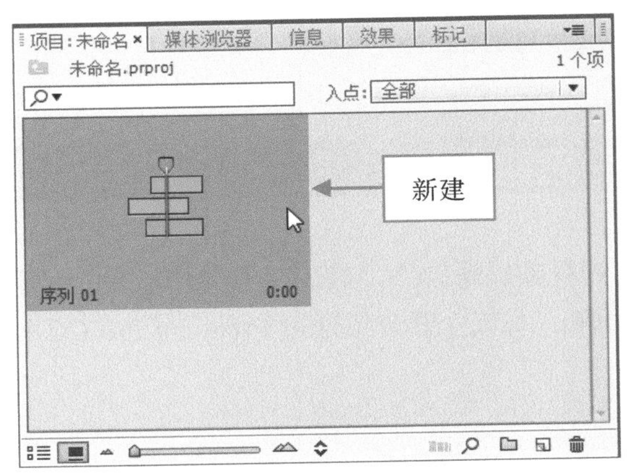

▲ 图 18-27　新建一个序列文件

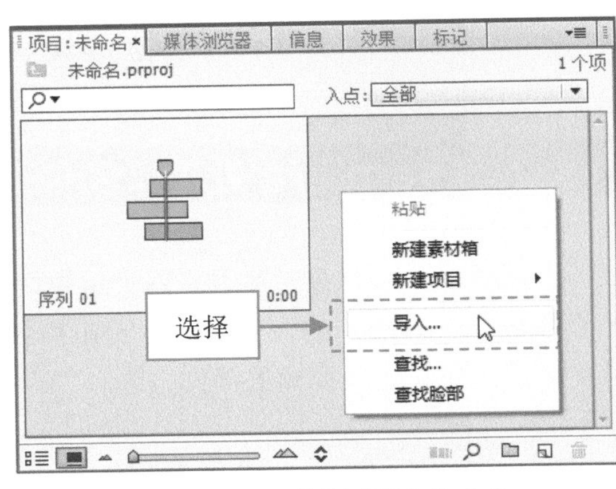

▲ 图 18-28　选择“导入”命令

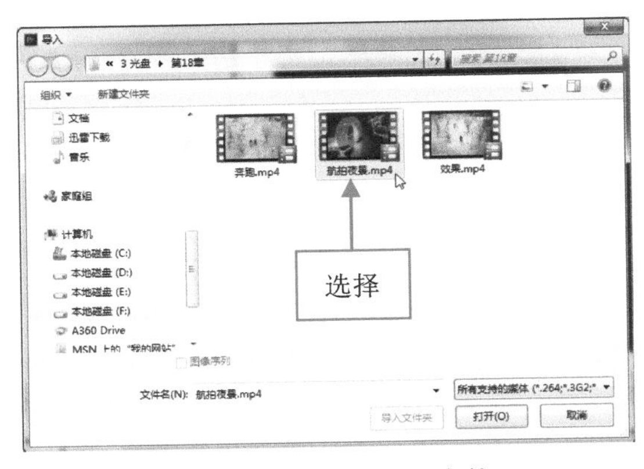

▲ 图 18-29　选择视频文件

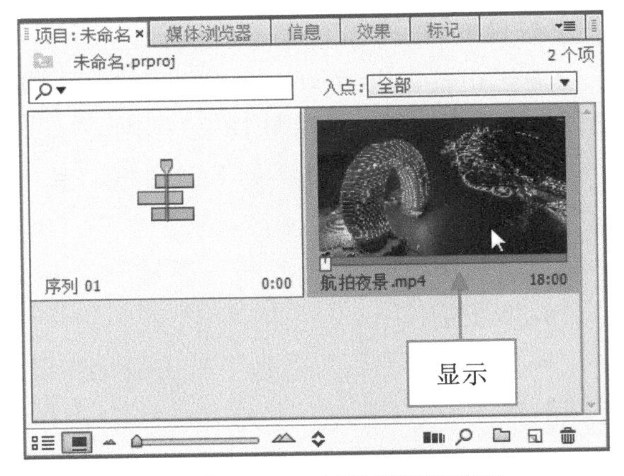

▲ 图 18-30　显示视频缩略图

Step 07 在“项目”面板中，选择“航拍夜景”视频文件，将其拖曳至视频轨 1 中，即可添加视频文件，如图 18-31 所示。

Step 08 在“源”面板中，可以预览视频素材的画面效果，如图 18-32 所示。

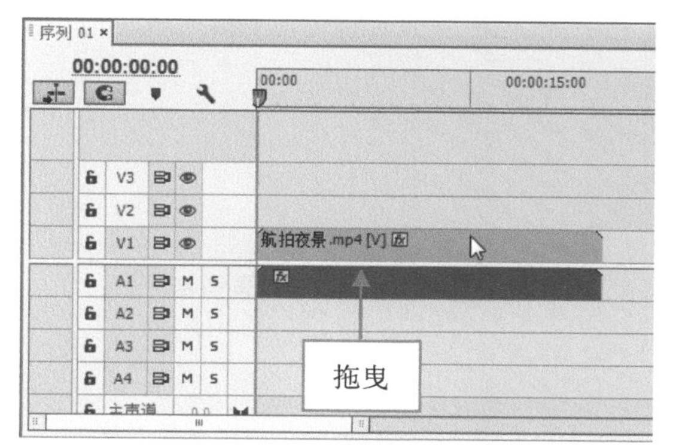

▲ 图 18-31　拖曳至视频轨 1 中

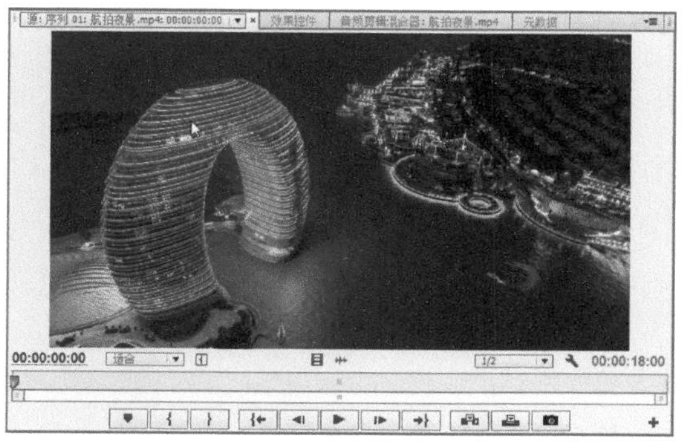

▲ 图 18-32　预览视频素材的画面效果

18.2.2　分割视频画面与背景声音

只有去除了视频本身的背景杂音，才能更好地为视频添加其他的背景音乐，制作出悦耳动人的背景声音。下面介绍去除视频背景声音的操作方法。

Step 01 在轨道中，选择需要编辑的视频文件，如图 18-33 所示。

Step 02 在视频文件上，单击鼠标右键，在弹出的快捷菜单中选择“取消链接”命令，如图 18-34 所示。

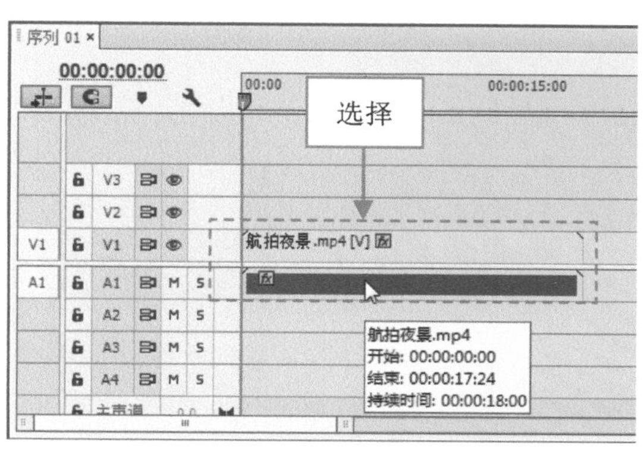

▲ 图 18-33　选择需要编辑的视频文件

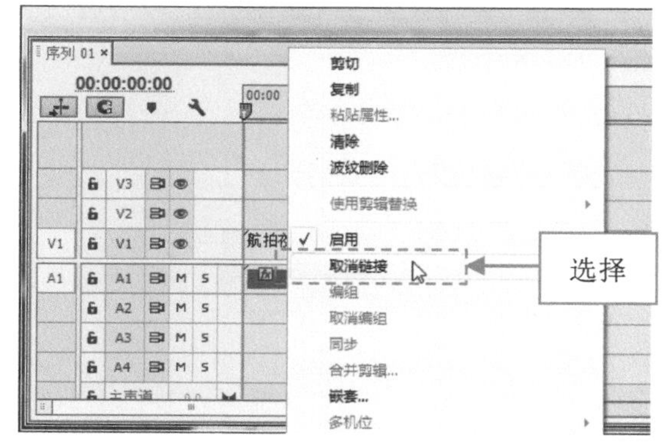

▲ 图 18-34　选择“取消链接”命令

Step 03 执行操作后，即可分享视频与背景声音，单独选择背景声音，如图 18-35 所示。

Step 04 按【Delete】键，即可删除背景声音，只留下视频画面，如图 18-36 所示。

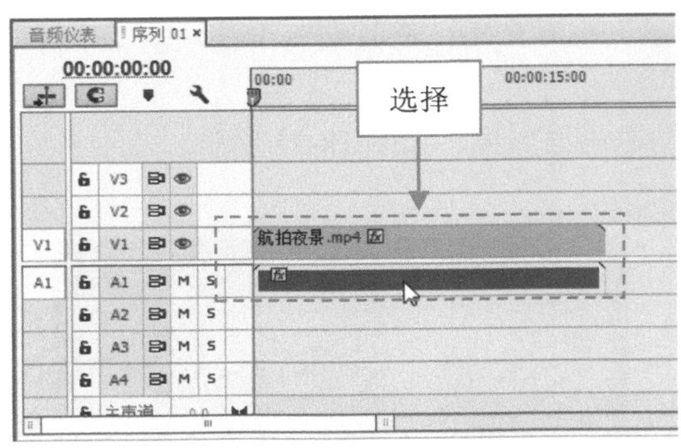

▲ 图 18-35　单独选择背景声音

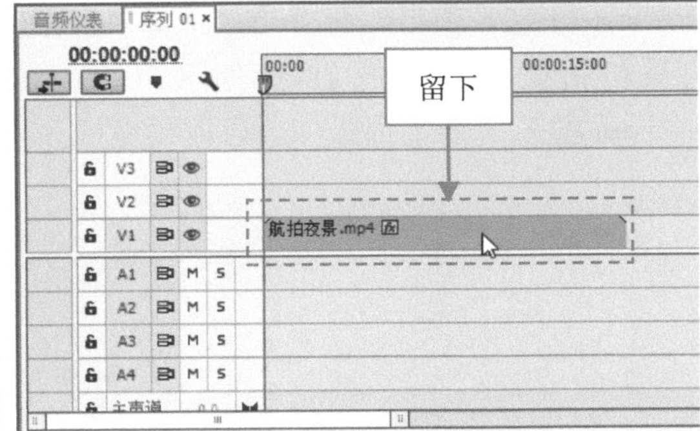

▲ 图 18-36　删除背景声音

☆专家提醒☆

使用“取消链接”命令可以将视频素材与音频素材分离后单独进行编辑，防止编辑视频素材时，音频素材也被修改。

18.2.3　剪辑与合成多个视频画面

在 Premiere Pro CC 软件中，剃刀工具可以将一段选中的素材文件进行剪切，将其分成两段或几段独立的素材片段，然后将不需要的片段进行删除操作，剩下的视频将会自动进行画面合成。下面介绍剪辑与合成多个视频画面的操作方法。

Step 01 在工具面板中选取“剃刀工具”，将鼠标移至视频素材中需要剪辑的位置，单击鼠标左键，即可将视频素材剪辑成两段，可以单独选择，如图 18-37 所示。

Step 02 用同样的方法，对视频素材进行多次剪辑操作，选择需要删除的某个视频片段，如图 18-38 所示。

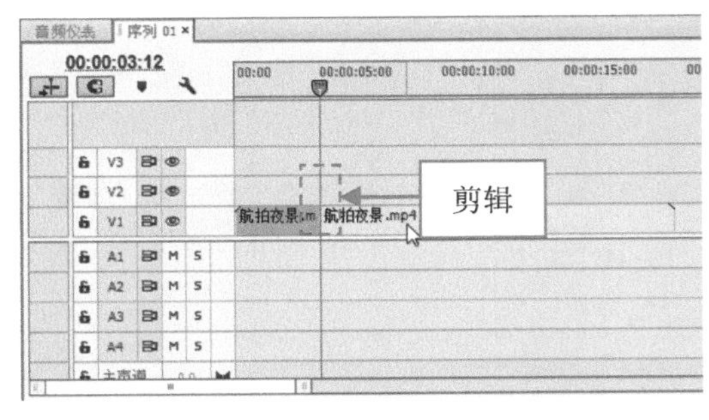

▲ 图 18-37　将视频素材剪辑成两段

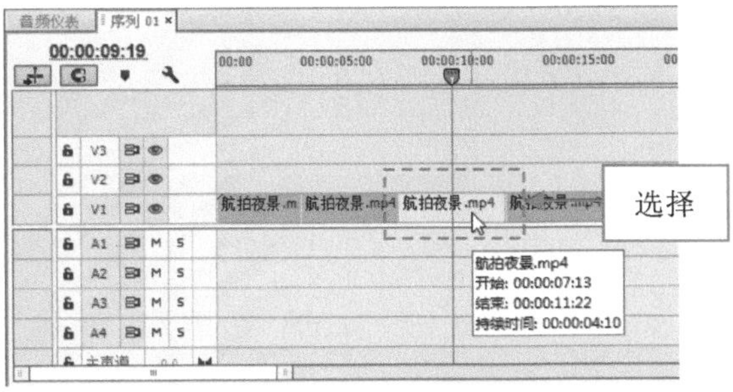

▲ 图 18-38　选择需要删除的视频片段

Step 03 按【Delete】键，即可删除选择的视频片段，如图 18-39 所示。

Step 04 将右侧的视频片段向左移动，进行合成，贴紧前一段视频，使视频画面播放连贯，如图 18-40 所示，完成视频片段的剪辑与删除操作。

Step 05 单击“播放”按钮，预览剪辑完成后的视频画面效果，如图 18-41 所示。

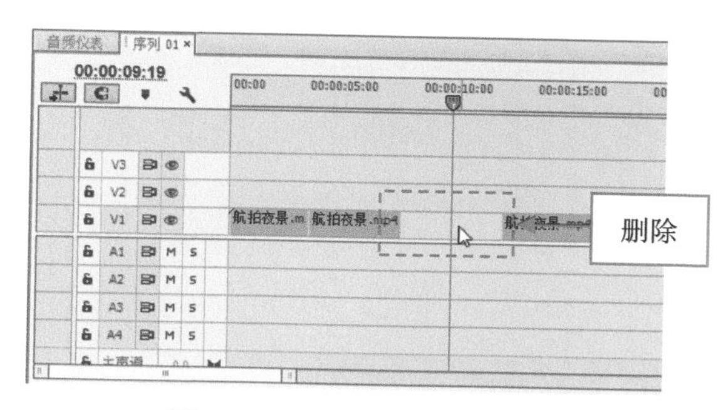

▲ 图 18-39　删除选择的视频片段

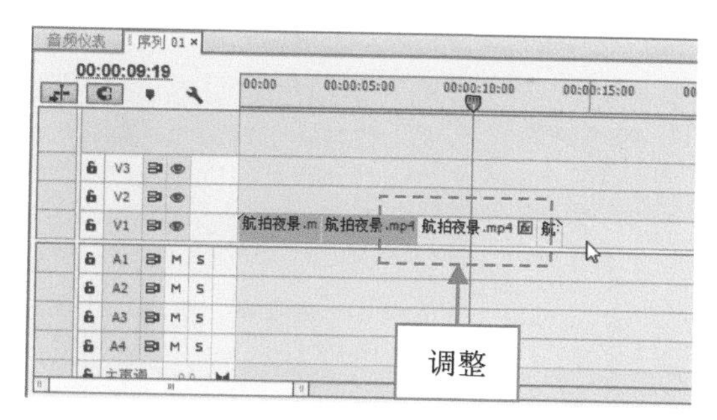

▲ 图 18-40　对剪辑的视频进行合成

▲ 图 18-41　预览剪辑完成后的视频画面效果

18.2.4　为视频添加镜头光晕特效

在 Premiere Pro CC 强大的视频效果的帮助下，可以对视频、图像以及音频等多种素材进行处理和加工，从而得到令人满意的视频画面。下面介绍为视频添加镜头光晕滤镜的方法。

Step 01 在 V1 视频轨中，选择需要添加滤镜效果的视频素材，如图 18-42 所示。

Step 02 在“效果”面板中，展开“视频效果”选项，在“生成”列表框中选择“镜头光晕”选项，如图 18-43 所示。

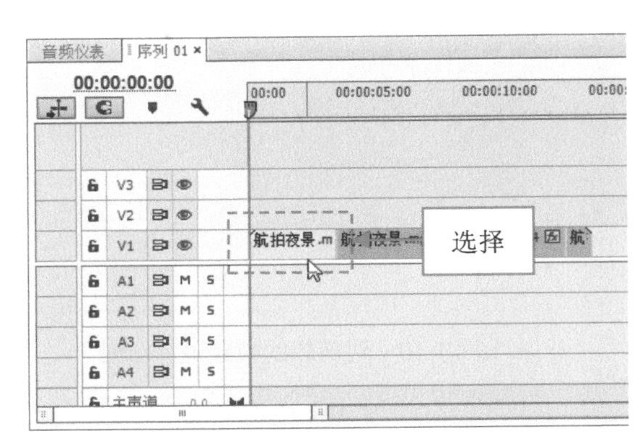

▲ 图 18-42 选择视频素材

▲ 图 18-43 选择“镜头光晕”选项

Step03 将其拖曳至 V1 轨道中选择的视频上，在“节目”面板中可以预览添加视频滤镜后的画面效果，如图 18-44 所示。

▲ 图 18-44 预览添加视频滤镜后的画面效果

☆专家提醒☆

在 Premiere Pro CC 软件中，还可以在视频片段之间添加转场效果，视频画面是由镜头与镜头之间的连接组建起来的，因此在许多镜头与镜头之间的切换过程中，难免会显得过于僵硬。此时，可以在两个镜头之间添加转场效果，使得画面过渡更为平滑。

Step04 展开“效果”面板，在其中设置“光晕中心”的参数分别为 256、222，执行操作后，即可调整光晕的中心位置，效果如图 18-45 所示。

▲ 图 18-45　调整光晕的中心位置

18.2.5　在视频中制作字幕效果

在视频画面中，字幕是不可缺少的一个重要组成部分，起着解释画面、补充内容的作用，有画龙点睛之效。下面介绍为视频添加字幕效果的操作方法。

Step 01 单击“字幕”|“新建字幕”|“默认静态字幕”命令，如图 18-46 所示。

Step 02 弹出“新建字幕”对话框，单击“确定”按钮，如图 18-47 所示。

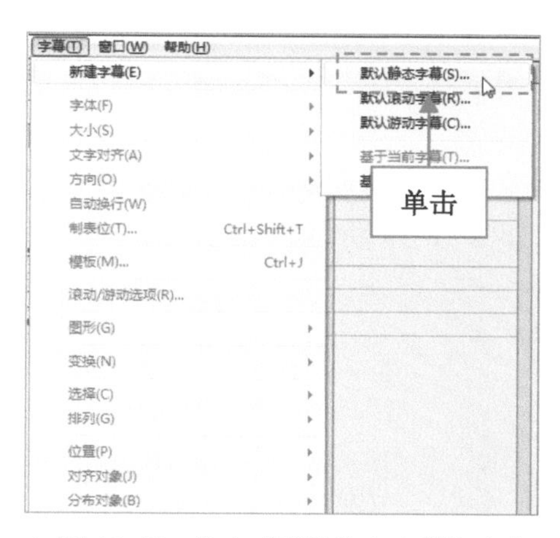

▲ 图 18-46　单击“默认静态字幕”命令

▲ 图 18-47　单击“确定”按钮

Step 03 执行操作后，打开“字幕”窗口，如图 18-48 所示。

Step 04 运用文字工具在窗口中输入相应的文本内容，设置字体格式，如图 18-49 所示。

Step 05 文字创建完成后，关闭“字幕”窗口，在“项目”面板中显示了刚创建的字幕文件，如图 18-50 所示。

Step06 将字幕文件拖曳至“序列”面板的 V2 轨道中，如图 18-51 所示。

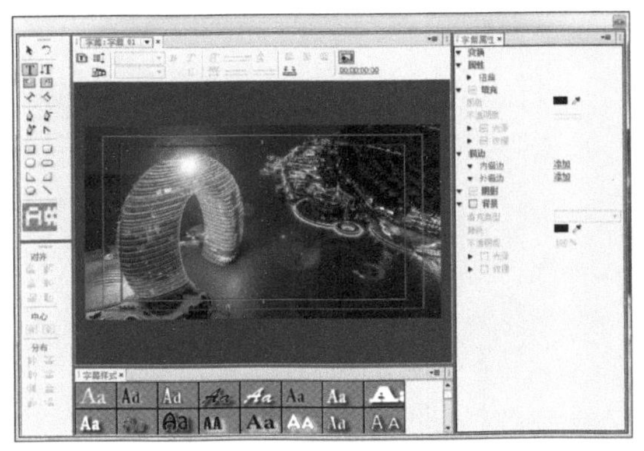

▲ 图 18-48　打开“字幕”窗口

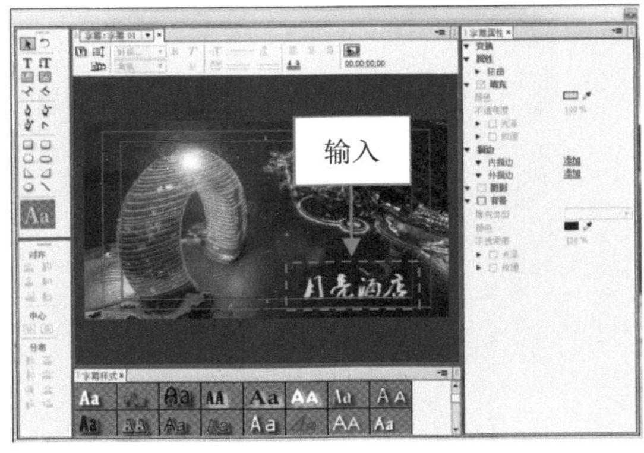

▲ 图 18-49　输入相应文本内容

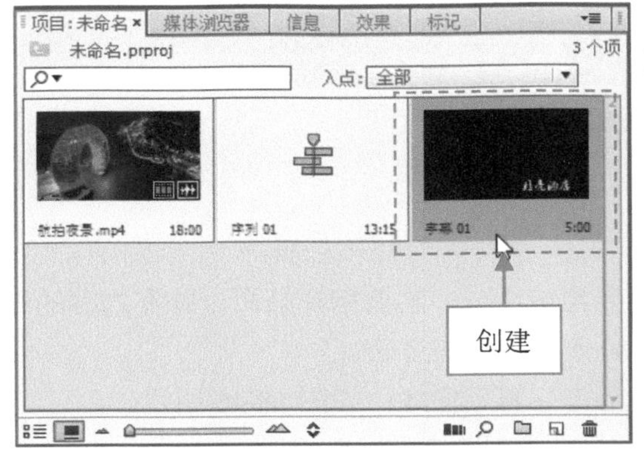

▲ 图 18-50　显示创建的字幕文件

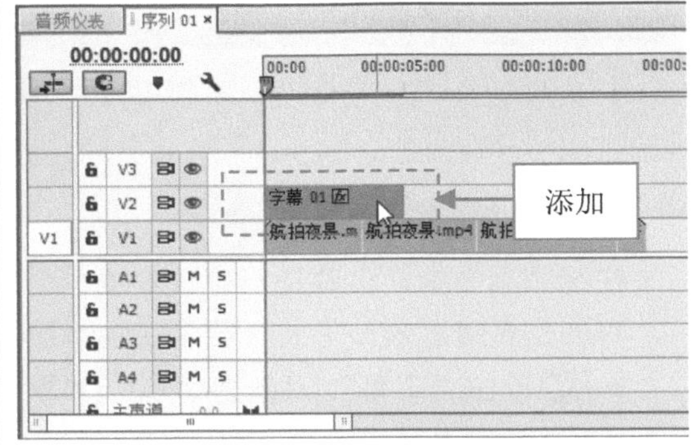

▲ 图 18-51　拖曳至 V2 轨道中

Step07 将鼠标移至字幕文件的右侧，鼠标指针呈形状，单击鼠标左键并向右拖曳，调整字幕文件的区间长度，如图 18-52 所示。

Step08 用同样的方法，在“项目”面板中对字幕文件进行复制操作，然后更改字幕的位置到左侧，再添加到 V2 轨道中，调整区间长度，如图 18-53 所示。

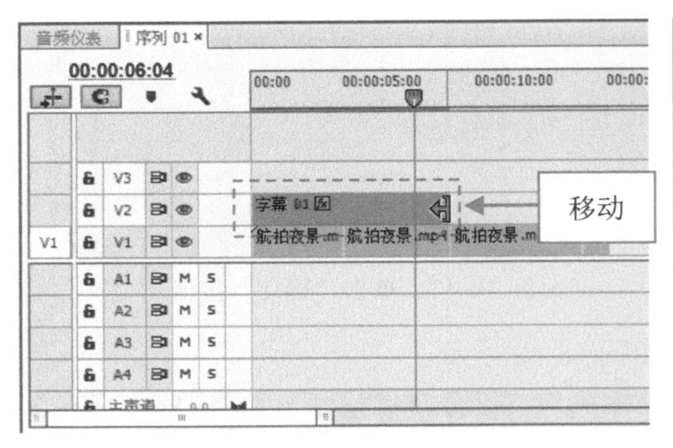

▲ 图 18-52　将鼠标移至字幕文件的右侧

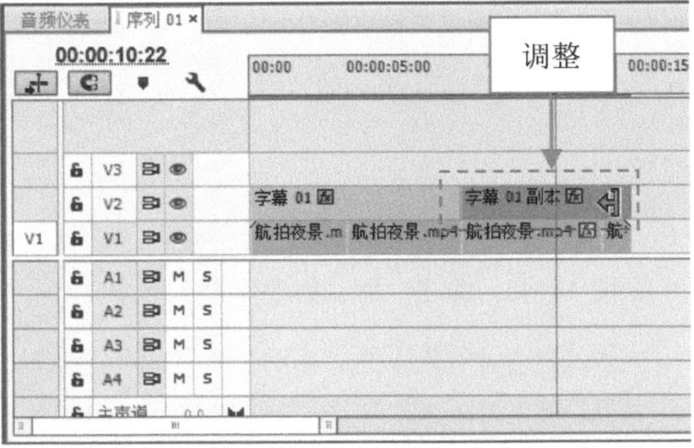

▲ 图 18-53　复制字幕、更改字幕属性

Step 09 在“节目”面板中，单击“播放 - 停止切换”按钮，预览创建字幕后的视频效果，如图 18-54 所示。

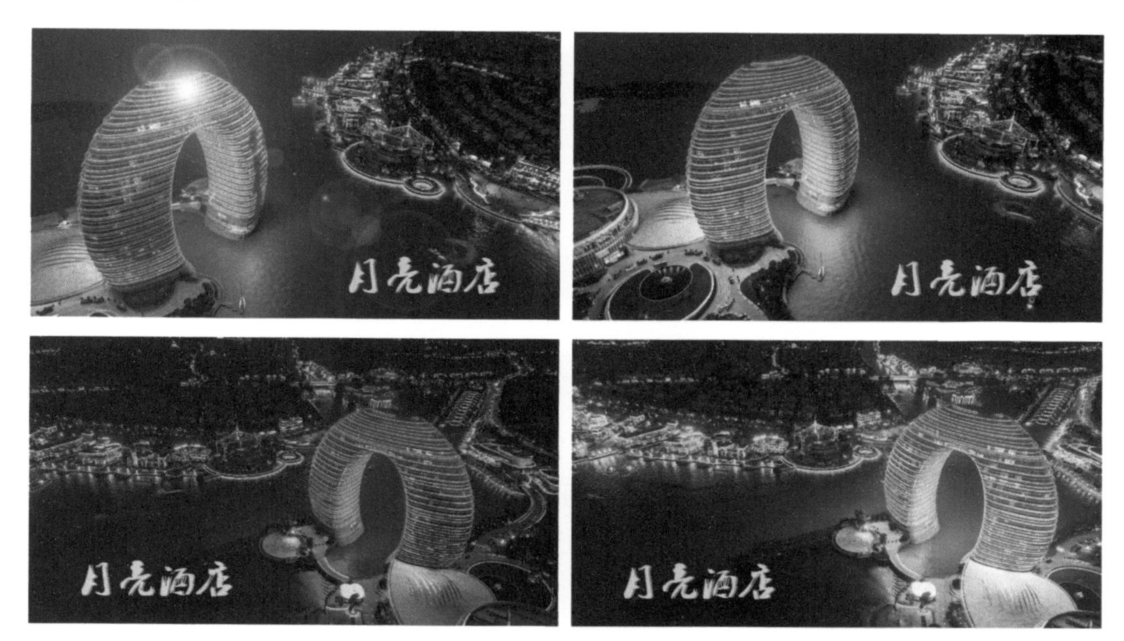

▲ 图 18-54　预览创建字幕后的视频效果

18.2.6　为视频添加动人的音乐

在 Premiere Pro CC 中，音频的制作非常重要，音频和视频具有同样重要的地位，音频质量的好坏直接影响到视频作品的质量。下面介绍为视频添加背景音乐的方法。

Step 01 在“项目”面板中，单击鼠标右键，在弹出的菜单中选择“导入”命令，如图 18-55 所示。

Step 02 弹出“导入”对话框，1 在其中选择音频文件；2 单击“打开”按钮，如图 18-56 所示。

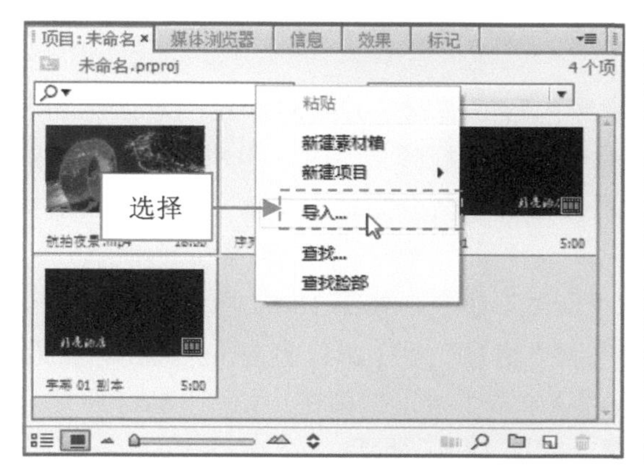

▲ 图 18-55　选择“导入”命令

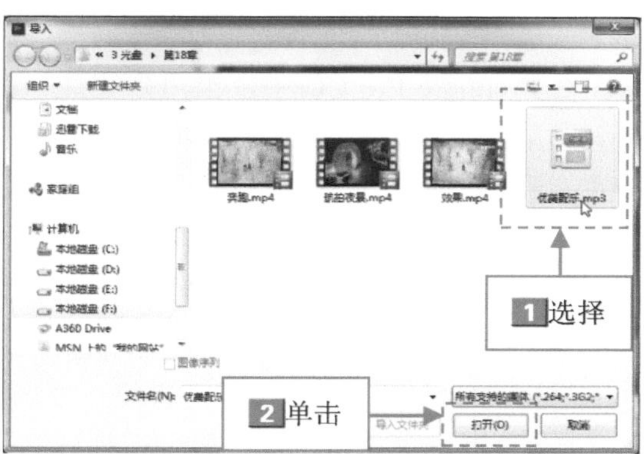

▲ 图 18-56　单击“打开”按钮

Step 03 即可将音频素材导入“项目”面板中，如图 18-57 所示。

Step 04 将导入的音频素材拖曳至“序列”面板中的 A1 轨道中，如图 18-58 所示。

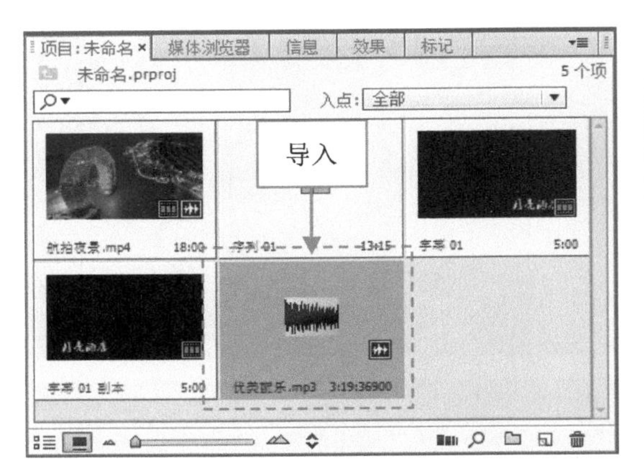

▲ 图 18-57 导入音频素材

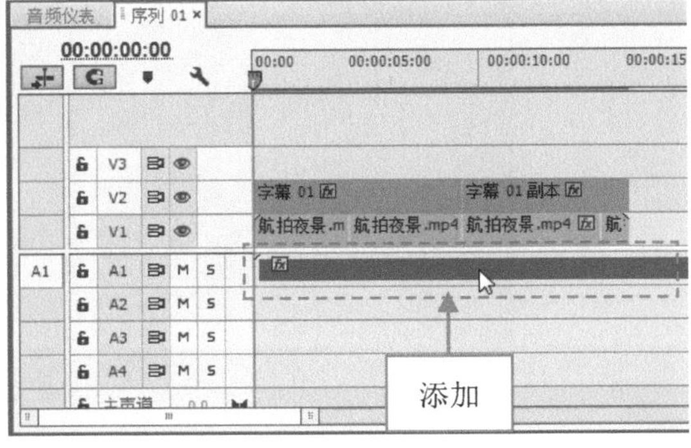

▲ 图 18-58 音频素材拖曳至 A1 轨道中

Step 05 使用剃刀工具将音频素材剪辑成两段，如图 18-59 所示。

Step 06 选择后段音频素材，按【Delete】键进行删除操作，即可完成音频的添加与剪辑操作，如图 18-60 所示。

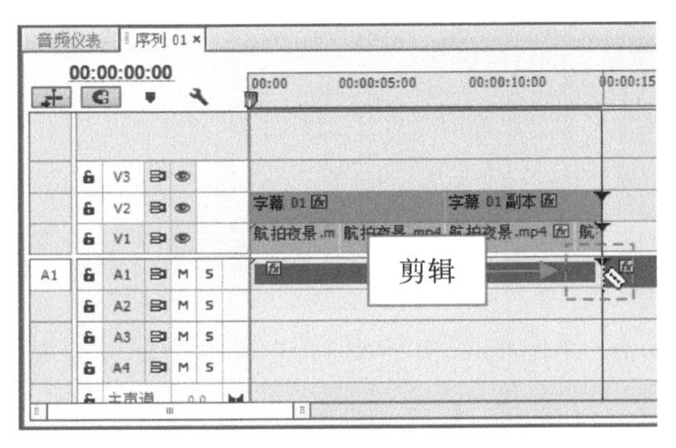

▲ 图 18-59 将音频素材剪辑成两段

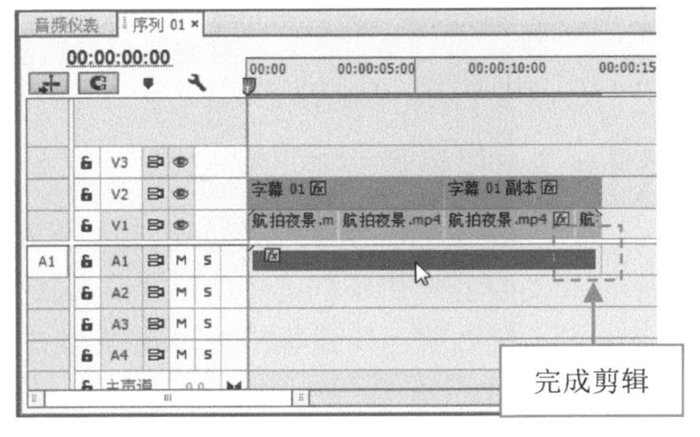

▲ 图 18-60 完成音频的添加与剪辑

18.2.7 输出与渲染视频画面

在 Premiere Pro CC 中，当用户完成一段视频内容的编辑，并且对编辑的效果感到满意时，用户可以将其输出成各种不同格式的文件。在导出视频文件时，用户需要对视频的格式、预设、输出名称和位置以及其他选项进行设置。下面介绍输出与渲染视频画面的操作方法。

Step 01 在菜单栏中单击“文件”|“导出”|“媒体”命令，如图 18-61 所示。

Step 02 弹出“导出设置”对话框，1 在右侧设置“格式”为 H.264，这是一种 MP4 格式；2 分别选中“导出视频”“导出音频”复选框；3 单击“导出”按钮，如图 18-62 所示。

Step 03 弹出信息提示框，显示视频导出进度，如图 18-63 所示。

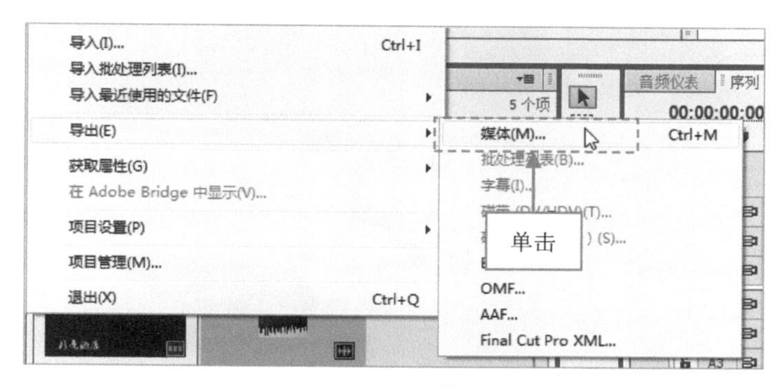

▲ 图 18-61　单击“媒体”命令

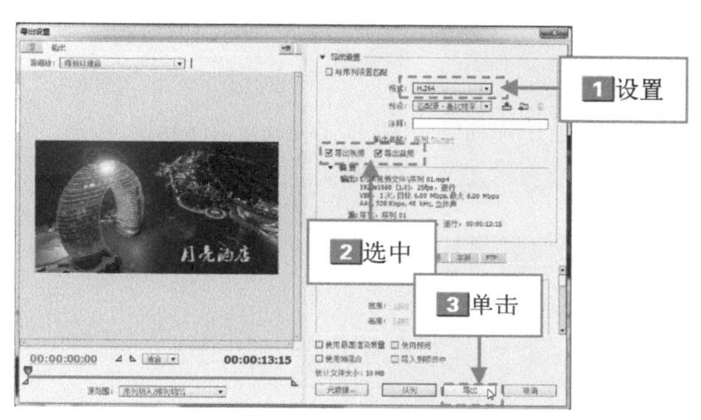

▲ 图 18-62　单击“导出”按钮

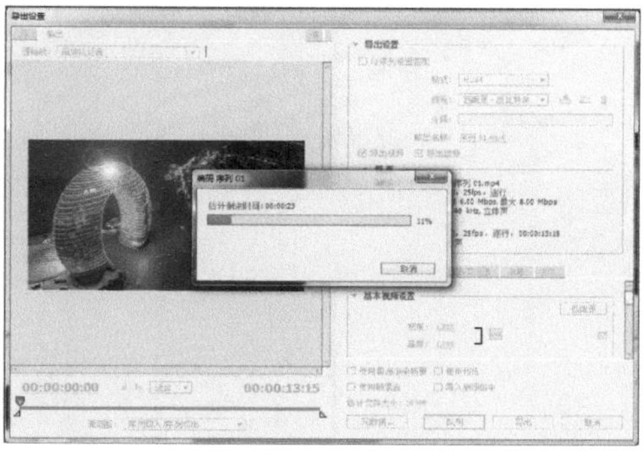

▲ 图 18-63　显示视频导出进度

Step 04 待视频导出完成后，在文件夹中即可显示导出的视频文件，对视频进行重命名操作，如图 18-64 所示。

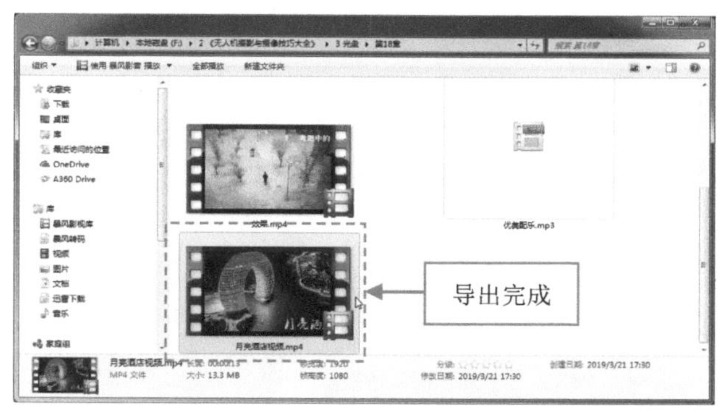

▲ 图 18-64　文件夹中显示导出的视频文件

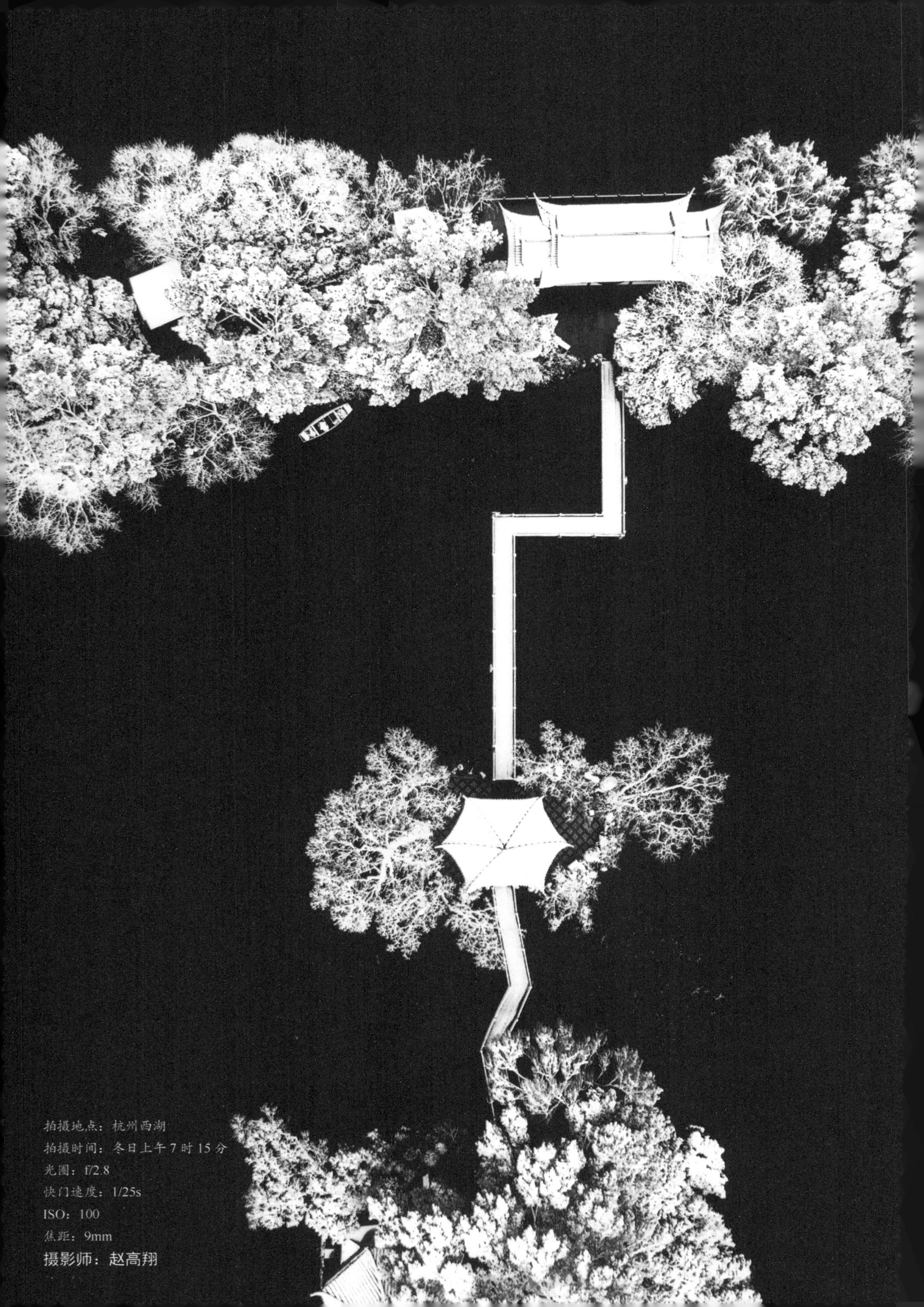

拍摄地点：杭州西湖

拍摄时间：冬日上午 7 时 15 分

光圈：f/2.8

快门速度：1/25s

ISO：100

焦距：9mm

摄影师：赵高翔